JN229036

The Statistics Is Great Business Weapon

世界一カンタンで実戦的な 文系のための 統計学の教科書

本丸 諒 著

ソシム

最近はデータ解析とか、
データサイエンティスト
とか、なんか難しい話が
増えてきたなぁ
ヤマト

やっぱり統計学……
使うんですかね？
桃子

統計学？　分析なら、
AI（人工知能）にやって
もらったら？

でもね、AIと統計学は
似てるらしいですよ。
だから、AI時代にも
統計学をやっておいた
ほうがいいかも…

統計学
そうですねえ、
なんか、
いい方法が
ないですかねぇ
でも、超文系の
ボクには、統計学って
言われてもなぁ
う～ん、荷が重い！

え、理沙センパイ！
いま、なんて……？

そのお悩み、
解決するわよ！
理沙

はじめに——文系だから、統計学はわからない？

冒頭のマンガを見ていると、ヤマトくんと桃子さんって「統計学が大の苦手！」のようですね。まぁ「統計学が大好き！」という人には、私もこれまで会ったことがありません。

そうは言っても、世の中はデータを中心にして大きく変わりつつあります。「それって、データの根拠があるの？　エビデンス（根拠）はある？」といった言葉が会議では飛び交っているはずです。

ところで、「ボクは文系なので、統計学はわかりません」——といった言葉をよく聞きます。でも、そのフレーズって、NHKのチコちゃん流に言わせれば、

「文系だからわからない？　ボーっと生きてんじゃねぇよ！」

と叱られそうです。そもそも、シゴトに文系も理系もありません。必要なら、挑戦して自分のものにしていくしかないからです。

それにもう一つ、大きな誤解があります。それは、「初歩の統計学には高度な数学（数式）など、ほとんど出てこない」という事実です。中学数学で十分で、ルートが出てくる程度。

こう言うと、「アンタは理系だからそんなことが言えるんだ？」と言う人もいそうですが、私は正真正銘の文系です。「文系と理系をつなぐ」という理念のもと、編集・執筆活動をしているフリーランスです。

ただ、出版社に勤務しているとき、編集者として統計学の入門書を30冊以上つくってきた経験があります。おかげで、様々な先生の、様々な統計学の説明方法・考え方に接してきました。また、データ誌（月刊）の編集長を7年続け、その間、オリジナルのアンケートを毎月のように作成し、発送し、回収して、分析をしてきました。

そうすると、「門前の小僧、習わぬ経を読む」ではありませんが、自然と「統計学のこの辺までの知識って、シゴトをやる上では必要だけど、それ以上に数学的な説明に入り込む必要はないのでは？（根拠があるとわかれば十分）……」といった必要なラインが、自分なりに見えてきます。

書店に出ている多くの統計学の本は、どれも正確な内容ですが、私のようなアバウトな人間から見ると、「少し厳密すぎて、かえってわかりにくいかな」と感じることがあります。きちんとした著者であればあるほど、正確性を期そうとし、どうしてもディテールにまで踏み込みがちだからです。

そこで、一大決心をしました——。

ヨシそれなら、数多くの著者から「統計学の勘どころ」を教えてもらってきた私の経験を、「文系」のフツーの読者に返せないだろうか。

超文系のビジネスパーソンでもわかる、正真正銘、最強にわかりやすい統計学入門の本——を書けないものか。実戦的な一冊として！

そんなことを考えていた時、ソシム編集部の志水さんから「統計学の本を書かないか」という誘いを受けました。そこで、上記の考えを実現するための「仕掛け」をいくつかつくってみました。

まず第一に「わかりやすさ」を徹底する仕掛け——。そのために、本書では超文系のヤマトくん、桃子ちゃんの二人を登場させ、リケジョ先輩の理沙さんから罵倒されながらも、誰もが感じている疑問を彼らの口から出させ、腑に落ちる説明を試みてみました。

第二の仕掛け。それは「最短最速で身につける」こと。統計学全体を理解しようとするのではなく、当面、抑えておきたいところに集中する。本書では分散や正規分布、95％の線引の意味、回帰分析の初歩などを扱っています。「マグレかそうでないか」を数値で判断するなど、統計学の素養に重点を置きました。ですから、仮説検定や多変量解析の多くには、今回は触れていません。

最後の仕掛けは内容チェック。埼玉大学の岡部恒治名誉教授には内容中心に数々の貴重なアドバイスをいただきました。北海道大学大学院（数学）修了の長谷川愛美さんにはゲラを詳細にチェックしていただき、数々の指摘をいただきました。お二人に厚く感謝いたします。

最後になりましたが、このような主旨の本を執筆する機会を快く与えてくださったソシム株式会社の片柳秀夫取締役社長、そして「この話って、ビジネスに何の役に立つの？」「ここはムズカシくてサッパリ」と最後まで手綱をゆるめることなく、叱咤激励し続けてくれた、本書ご担当の志水宣晴編集部副部長に、この場を借りて心よりお礼を申し上げます。

本書が、「文系で、統計学オンチ」を自称し、困っている人々に少しでも役に立ち、「ちょっと、統計学に自信をもった」ということになれば、これ以上の喜びはありません。

2019年4月

本丸　諒

もくじ

第1章 まぐれ？　ホント？ それをどう判断する？

～「科学的に判断を下す」ための線引ラインを考えよう！～

第2章 統計って、2つの道具さえあればいい？

〜平均と標準偏差を知っていれば、何とかなるさ！〜

第3章 正規分布って、なんだ？

～分析をはじめるための、最初の一歩！～

第4章 サンプルこそ、統計学の命です！

～「イチを聞いて百を推定する」にはどうする？～

第5章 交番が多いと犯罪が増えるって本当？

～相関関係と因果関係は関係あるのかどうか～

第6章 「1本の線」を引いて考える！

～回帰分析のススメ～

第7章 ホントの視聴率はどのくらい？

～点推定と区間推定の利用法～

コラム

◎登場キャラクター紹介

理沙さん

リケジョ（理系女子）で、現在はＳ出版の総合企画室で働いている。言葉遣いの荒いところもあるけれど、後輩思いの面もある。

ヤマトくん

理沙さんの大学時代の後輩で（ただし、超文系）、現在は同じ会社の営業部。性格的にノーテンキだが、後輩の桃子さんへの対抗意識が強い。

桃子さん

超文系で、統計の知識はゼロ。だけど勘だけは鋭い。上司の受けもいい。

第1章

まぐれ？　ホント？
それをどう判断する？

～「科学的に判断を下す」ための線引ラインを考えよう！～

カジノでコインゲームをしたとき、あなたが「裏」に賭けたのに、なぜか3回続けて「表・表・表」と出たら、あなたは「インチキ」を疑うかもしれませんが、それはただの「偶然」かもしれない。
この「偶然なのか、そうでないのか」を考えていくと、統計学の最も大事な考え方に行き着くのです。

1話 タコのラビオ君の大予想！

サッカー・ワールドカップのような国際大会が近づくと、怪しげな「予言」が始まります。たとえば、ドイツのパウル（マダコ）は、2010年のワールドカップ南アフリカ大会でのドイツの予選・決勝戦の全8試合の予測をすべて的中させました（ただ、その前のEURO2008では6試合中、2試合を外した）。

同じように、日本のラビオ君（北海道小平町のミズダコ）も、2018年のロシア・ワールドカップを前にして、サムライブルーの勝敗を次々に的中させ、話題になりました。「当てた」といっても、そこは「偶然」のことと思いますが……。

対戦相手	ラビオ君の予想	結果	当たり？
コロンビア（予選）	日本勝利	日本勝利	◎
セネガル（予選）	引き分け	引き分け	◎
ポーランド（予選）	日本敗北	日本敗北	◎

こんなに当てたら「予知能力がある」って認定されるかな？

ヤマトくん、不満を理沙センパイに話す

……話変わって、ここは東京・神保町（じんぼうちょう）にある出版社S。営業部のヤマトくん、朝から大学のセンパイで、現在、総合企画室に所属する理沙さんに内線しています。昼休みを利用して、何か聞いてもらいたいことがあるようです。

あの後輩女子、
部長にウケがいいからなぁ……

：理沙センパイ！ 今度入ってきた新人のコなんですけど……。この3日間で、ウチの部長にえらい気に入られてるんですよ。

：へぇ〜、何かしたの？ 営業成績がいいとか？ で、その新人ちゃん、名前はなんというのかな？

：一ノ瀬桃子です。部長が神保町の古書店で仕入れてきた葛飾北斎のホンモノの浮世絵と、精巧にできたレプリカ2枚の計3枚をもってきて、みんなに「どれがホンモノだ？」と聞いたら、あいつ、一発で当てたんですよ。

：ふうん、そうなんだ。色味でも違ったんじゃないの？

：いやぁ、そんなことはないですよ。近くによっても全然、違いがわからない。で、次の日、部長が東洲斎写楽、3日目は菱川師宣の浮世絵とレプリカを同じように3枚ずつ持ってきたら、桃子の奴、すぐに当てたんですよ。しかも、

「見れば、違いはすぐにわかりますよ」なんて笑ってるし。

次々にホンモノを当てちゃった！

：ふーん、あれ？　ヤマトくん、面白くなさそうね。男の嫉妬？　まぁ、3点ともすぐに当てたということは、ホントに鑑識眼があるか、ただの偶然か、あるいは……。

：ボクは絶対、偶然だと思うんです。だけどウチの部長ときたら、「これからは経験よりデータ、カンより統計学。いや、統計学より真善美（しんぜんび）の時代だ。オマエも一ノ瀬を見習え」なんて言うし。

：『統計学より真善美』ときたか。まぁ、「真善美」も大事だけど、その前にデータの処理感覚や統計的な見方・判断力

が先だと思うけどね。桃子ちゃんについては、偶然当たっただけなのか、わかってて当てたのかは本人しか知らないことだけれど、それを外から推測する方法ならあるけどね。

：え？　どうやって推測するんですか？　統計学って、人の心の中まで読めるんですか？　ボクにも教えてください！

方法なら、あるわよ

統計学は人の心の中までお見通し——というわけにはいきませんが、外部から見て、判断の目安を得ることはできます。そのためには、ヤマトくんにも最低限の統計学のイロハを知ってもらわないと。もちろん、理沙さんも、ヤマトくんに統計学の高度な理論とか、めんどうな計算を教える気はなく、直感的に説明しようと思っているようですが、どうなることか……。

経験よりデータ、カンより統計学

統計学より……え？何？

2話 ホントに「たまたま」当たる確率って、どのくらいあるの？

……ということで、理沙さんは、冒頭のタコのパウルやラビオ君の話を持ち出しました。最初は「統計学！」と聞いて、顔もアタマもカタマりはじめていたヤマトくんも、ラビオ君の話を聞いて、すっかり安心したようです。

：へぇ〜、タコなのに3戦とも続けて当てたんですか。まさに、「当たるも八卦、当たらぬも八卦」ですね。そんな偶然もあるんだ！　じゃあ、あの桃子の奴だって、きっとグーゼンだな。よかった、理沙センパイの話を聞けて！

：まだ私、ゼンゼン、説明してないけど……。アンタにもアタマがあるでしょ。少しは考えてから、「偶然かな」とか「何かありそう」と言いなさい。B級ドラマの刑事みたいに、「わかった、犯人はAだ！犯人はBだ！」じゃあ、信頼されないわよ。

あんた、少しはアタマを使ったら？

：じゃあ、どうすればいいんですか？

：まずは、「統計学のイロハ」の前に、どんな場合にどう判断すればいいか、いわば**「線引」の発想**がアンタには必要のようね。まぁ、そっちのほうがビジネスでは大事な感覚だと、私は思ってるけど。

「線引」と聞いて、ヤマトくんはピンとこないようです。これまで、何かの判断をするときには、ヤマトくんは雰囲気だけで決めてきたのかもしれません。

そして理沙さん、どうやら「何かを決める場合、**どういう基準で線引するのが妥当か？**」という発想からヤマトくんには教えないといけない、と気づいたようです。これって、統計学の計算よりずっと重要な感覚なんですよね。

勝つ、負ける、引き分けの３択クイズと同じ？

：ところでさっきのタコの話ですけど。「3戦、すべて当てる」って、どのくらいの可能性なんですか？

：可能性？　ヤマトくんも統計学をかじろうっていうのなら、「可能性」って言葉は使わないで、「**確率**」という言葉にしてほしいな。

：（めんどくさいな、いきなり言葉遣いからかよ……）はい、わかりました！「3戦、すべて当たる確率」ですね。それでセンパイ、どのくらいあるんですか？

：そうね、まずは１つの試合の「勝ち・負け」を当てる確率だけど、どのくらいあるかわかる？

：理沙センパイは「勝ち・負け」といったけど、実際には、日本が「①勝つ、②負ける、③引き分ける」の3つのどれか1つなので、3択クイズと同じですよね。だとすると、1/3ではないですか？

：その通り！　正解よ。タコのラビオ君はそれぞれのチームの実力やランキングを知らない。最近の各チームの対戦戦績も知らない。「情報ゼロ」と考えていい。だから、①〜③のどれも同じ条件と考えていい。すると、3択クイズと同じで、当たる確率は1/3だということになるわね。

：そうか。それで、うまく勝敗を当てても「たまたま」であり、当たる確率は1/3だというわけですね！

勝てなければ、負けるか、引き分けです……スバリ当たります！

3戦とも連続して当てるのは「1/3 ＋ 1/3 ＋ 1/3」で「1」？

：そう、**「たまたま」という感覚**はとても大事。じゃあ聞くけど……1回だけなら1/3 の確率だったよね。じゃあ、**3戦とも連続して「たまたま当て続ける確率」**って、どのくらいあると思う？　グーゼンに当て続ける確率よ。

：1/3が3回続くんですよね。ということは、

1/3＋1/3＋1/3＝3/3＝1

つまり、3回ともすべて「たまたま当たる確率」は「1」です！

：え？　確率1？　もう困ったやつだなぁ。答えた後、「なんだか変だな？」ぐらい感じないの？　確率が「1」って、100%当たるってことよ？

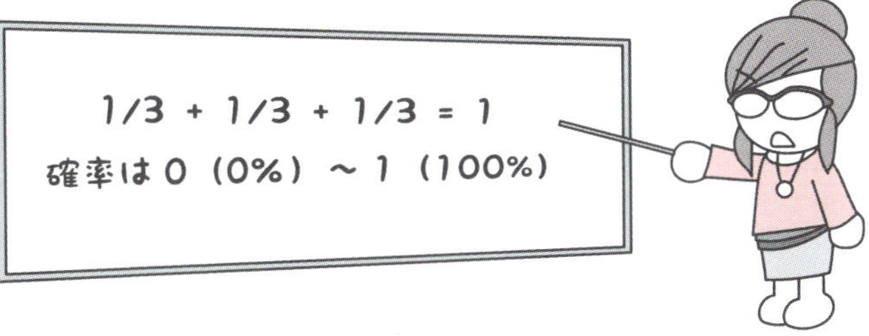

1/3＋1/3＋1/3＝1って？……アホ！

：あ、そうか（汗）1回で1/3＝0.333……。33%しか当たらないのに、それが3回も「たまたま」が続くとすると、確率はもっと低くなるはずですよね。それが「1＝100%」じゃ、どこか間違ってます。でも、どこが違うんだろ？

：しっかりして！　3つのことが「連続して起きる場合」を考えているんだから、そんなときは、

1/3×1/3×1/3＝1/27

になる。そう、1/27よ。

：そうか！　足し算じゃなく掛け算か。1/27ということは、電卓で計算すると……3.7%ぐらいの確率です。ラビオくんって、偶然にしちゃぁ、超・珍しい確率じゃん！

：（独り言）それにしても困った。ヤマトの奴、1/3＋1/3＋1/3＝1とやるようでは、お先が暗いなぁ。

理沙さんは、「確率の計算では、連続して起きる場合は掛け算」といいました。

たとえば、「24人のクラスで、同じ誕生日の人が少なくとも1組はいるか否か」というとき、「いる」「いない」では、どちらの確率が高いでしょうか？

この場合も掛け算になります。

24人の男女、誕生日がたまたま同じ人が1組はいる確率は？

こう考えてください。

1年を365日とすると、「1組も誕生日が同じでない場合（全員バラバラの場合）」は、1人目がある誕生日だとすると、2人目は365日のうちの他の日（364日ある）です。つまり、その確率は次のようになります。

2人が違う誕生日の確率は？　$1 \times \frac{364}{365}$

同様に、3人目は前の2人とは異なる日（363/365）であり、4人目は前の3人とは異なる日（362/365）……で、最後の24人目は前の23 人と異なる日（342/365）でないといけないので、それらは次のように「掛け算」で計算されます。

$$1 \times \frac{364}{365} \times \frac{363}{365} \times \frac{362}{365} \times \cdots\cdots \times \frac{343}{365} \times \frac{342}{365} = 0.4616$$

1人目　2人目　3人目　4人目　23人目　24人目

確率的に5割を切っている！

24人が全員、誕生日が異なる確率を考えると……

24人の場合は0.4616……つまり、すでに5割を切っています。

ということは、「同じ誕生日の人が1組以上いる」確率のほうが「1組もいない」確率よりも高いとわかります（実際には23人以上のときに逆転する）。

ところでヤマトくん、統計学には関心はないけれど、「確率的に考える」ことで、**偶然に起きたことなのか、そうでないのか**という「推測」ができるという点に、かなり関心を持ち始めたようです。

もしかすると、新人の桃子さんのことを「単なる偶然じゃん！」と、鼻をあかしたいだけなのかもしれませんが、それはあっさりと解決してしまいました。というのも、理沙さんが桃子さんに会って話を聞いてみたところ、意外なことが……。

：え、浮世絵？　3つのうち、どれがホンモノかを見分けたことですか？　簡単でした。浮世絵にA/B/C と貼ってあるのを見て、すぐにホンモノがわかりましたよ。

：どういうこと？

：2枚の絵にはその上に直接、AとかBとか無造作に貼ってあって、1枚だけ台紙のヨコにCとか貼ってあるんですよ。持ち方も2枚は部長さんが無造作に置いたのに、残り1枚

は大切そうに置いていたのを見ていたんです。だから、ホンモノがどれかは、誰だってわかりますよね……。

：な〜んだ、3枚の絵を見て、その真贋をしっかりと見分けていたんじゃなかったんだ。

：私に浮世絵なんてわかりません。それよりヤマトさんって、理沙さんに統計学の手ほどきを受けてるって話ですよね。私もぜひ、混ぜてください！　統計学って、ちょっとやってみたかったんで。超文系の数学オンチですけど、よろしくお願いします！

統計学？　桃子も仲間に入れてください！

どうやら、ヤマトくんの心配は杞憂だったようですが、ヤマトくんの動機がどうであれ、ヤマトくん、桃子さんの2人が統計学に関心を持ったのはいいことですよね。

「超グーゼンか、よくよく考えての判断か」

それを見破るのは「確率発想」らしい！

コラム

統計学の世界

：桃子ちゃんが加わったところで、「統計学の世界」がどんなものか、ざっくりと見ておこうか。

：なんだか、海賊の地図みたいですね。あれ、統計学って、1つじゃなかったんですか？　○○統計学、××統計学って、違う名前がついていますよ。

：統計学の世界は分類がむずかしいのよ。人によって考え方が違うから、万人が認める固定した分類方法はないと思ったほうがいいわね。私は「こう見ている、アタマの中で整理している」っていうふうに！

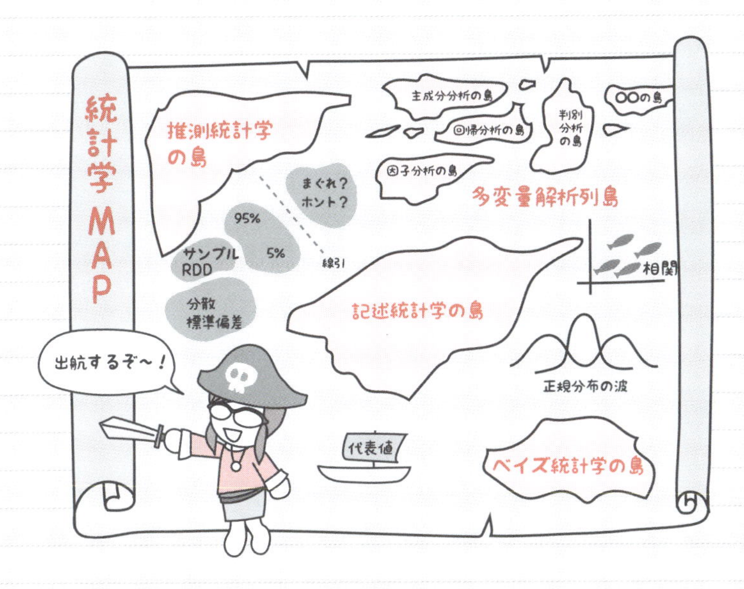

「統計学の世界」がどんなものか、ざっくりと見ておこう

：大きく記述統計学、推測統計学とベイズ統計学に分かれていて……。多変量解析？　どこまでが入門なんですか？

：「入門」という意味では、「○○統計学」とかいうよりも、

①データの代表値……平均値、中央値、最頻値とか
②データのバラツキ度……分散、標準偏差とか
③まぐれかホントかの線引……5%、1%とか
④代表的な分布は？……正規分布とか
⑤全データをゲットできない場合は……サンプルとか

こんな風な形でアプローチしていくのがいいと思うよ。それらはみんな、統計学のベースになっていく考え方ばかりだから。

：じゃぁ、それが「統計学のキホン」というわけですね。ボクらはそこまでやればいいわけですか？

：けっこう盛り沢山ですね。超文系女子なんで……その辺は、よろしくお願いしま～す！　数式無しで！

：まぁ、そうね。2人の理解度を見ながら、無理せずに進めていくけど、最後は視聴率くらいまでやってみようかな。欲張りかな？　まぁ、とりあえず出航！

3話 本人しか知りえないことを他人がどうやって「推定する」の？

飛行機のエンジン音で機種を当てる！

タコが、3.7％の驚異的な確率で勝敗を当てた……と聞いても、「タコが情報を集め、予想してみごとに当てた！」とは、誰だって思いません。けれども、もしこれが人の場合だったらどうでしょうか？たとえば、ある紳士が「私は目隠しをされていても、エンジン音だけで全部、飛行機の機種の違いがわかるよ」といって、当て続けたら……。飛行機のエンジン音にはシロウトにはわからない違いがあるでしょうから、何機も当て続ければ「なるほど、この人はわかっていて当てている。ウソはついていない」といえそうです。

飛行機に限らず、鉄道ファンの音鉄(おとてつ)さんも、電車の音を聞き分けられるかもしれません。

この音は……そうだ！ EF8 の×型だ！

紅茶が先か、ミルクが先かを当ててみせる

では、次のようなケースはどうでしょうか？

これは通称、「紅茶婦人」という有名な統計学上のエピソードとして知られているものです。

さて、イギリスのある貴婦人が「紅茶とミルク、どちらを先に入れるかで味に違いが出るのよ。私ならその味の違いも見分けられるわ」といったというので、周りにいた紳士・淑女が大騒ぎ。

オホホ、私には他の人にはわからない、特別な才能があるのよ！

「紅茶とミルクの入れる順序の違い？　それでミルクティーに味の差が出てくる？　そんなこと聞いたことがないぞ。ペテンだ！」と大半の人が信じません。

そんな中で、「おもしろい話じゃないか、ぜひ、**それがホントかウソかをテストしてみよう！**」と提案した人こそ、統計学の始祖ともいうべき、R・A・フィッシャー（1890〜1962）でした。

では、この貴婦人のいっていることが本当なのか、冗談でウソを

ついているだけなのか。問題は、それを「**第三者が、どのようにして外見的に判定できるのか**」ということです（本書では、フィッシャーとは異なる方法で考えてみます）。

ヒントは「タコのラビオくん」にあります。

第三者がどうやって判断するのか

：おもしろい話でしょ。ヤマトくんはどう考える？

：その前に、「この紅茶の話を考えて、どんな役に立つのか？」ということを先に教えてください。

：えっ？　どんな役に立つかって？　せっかちねぇ。う〜ん、たとえばセキュリティシステムとか、AI スピーカーなどを設計するときにも、応用が効くと思うよ。でも、理屈がわからないと、なぜ役立つのかわからないでしょ。役立ちのことは後にして、まずは紅茶の話に戻すわよ。

さて、たった1杯の紅茶を出してテストしただけなら、この貴婦人がホントのことをいっていようと、ウソ（ジョーク）であろうと、2つに1つが正解なので、「まぐれ当たり」の確率は1/2（50%）あります。貴婦人が、あえて1/2の賭けに挑戦するとは思えませんが。

では、2杯続けて当てるとどうでしょうか。そのときは、$1/2 \times 1/2 = 1/4$、つまり25%です。これでも、4回に1回は「まぐれ」で当たりますから、これくらいでは「ウソに決まってる」という紳士・淑女の賛同を得ることはできません。

では、3回連続で当てたらどうでしょうか？　$1/2 \times 1/2 \times 1/2 =$

1/8で、12.5%の確率です。さらに4回連続で当てたら？

1/16で6.25%です。もう一押し、5回連続で当てれば1/32で3.125%となります。えぇい、6回連続して当てれば……。

さて、この話は**どこまで行けば、「わかって判断している」と信じてもらえるのか？** このように、キリのない話に「キリ」をつける良い判定方法はないものでしょうか？

数学的な証明ではない？

：ボクなら、3回か4回、連続して「紅茶を先に入れた味です」「ミルクが先です」……と当てたら、「へぇ～、入れる順でホントに味に違いが出てきて、この貴婦人はわかってて当ててるんだ！」と同意しちゃいますけどね。どこまで当て続ければ「わかってる！」と判断できるんですか？ これって、数学で証明するんですよね？

紅茶、紅茶、ミルク、紅茶……どこで「判断」する？

：ブブー！ 何をいっているの？ 数学的な証明なんて、できるわけないでしょ。もし、最新のセンサーで「味の違いがある」と計測できたとしても、ここで問題になっている

のは「この貴婦人がホントにわかってて判断しているのか、あるいは、でまかせを言っているのか、それを判断する方法を考えよう」ってことでしょ？
最終的に、「ウソか、ホントか」は貴婦人しか知りえないことだから、第三者が「証明」するなんて、できっこないの！ 外見的に判断する方法を提示しようといってるわけ。

：えっ？ どうやって外見的に判断できるんですか？ 本人しか知らないんですよね？

多くの人が「納得する線引ライン」は？

たしかに、ヤマトくんのいうように、本人しか知りえないことを、他人である我々が「正確に判断する」のは、むずかしいことです。というより、不可能でしょう。ウソ発見器（ポリグラフ探査機）でも、ウソかマコトかの判断を100％当てることはできません。

では、どうしようというのか？

：そこに「線引の発想」を使うのよ。もう少しヒントをいおうか。そうだね、「確率的に考える」ことかな。紅茶婦人の話だけ聞いていると、まるでクイズみたいだけど、これって現代統計学の出発点にもなった重要なテーマなのよ！

統計学には、大きく「記述統計学」と「推測統計学」の2つがある、といいました（32ページ）。現代の統計学は「推測統計学」が中心です。その推測統計学では、おおもとの集団（母(ぼ)集団）の一部のデータ（サンプル）をもとに、おおもとの状況を推定・検定することが中心です。

でも、その話は後で触れることにして、とりあえず2人の話を聞くことにしましょう。

：現代統計学の出発点？　そんなむずかしい問題だったんですか？　クイズかと思ってました。少し、ヒントを……。

：そうね、まず第一に「100％確実に当てる」ものではないってこと。ということは、次善の策として「多くの人が納得するライン」を考えておかないとダメ。落とし所をどこにするかってことよ。

数学的な「解」はないので、「落とし所・妥協点」を考える

：落とし所？　たしかに数学っぽくないなぁ。

：多くの人が納得するライン。たとえば「これだけ確率的に低いことが起きれば、もう『グーゼンだ！』『まぐれだ！』とは言いにくい話だ。信じるしかない！」と、多くの人が納得してくれるようなレベル。それを決めてしまおうという話ね。

：決めてしまうんですか？　案外強引？

：もし、20回も連続して当て続けたら、まぐれで起きる確率は「100万回に1回」という、天文学的なことになるのよ。ここまで来ても、「まぐれ当たりだ」なんていえる？

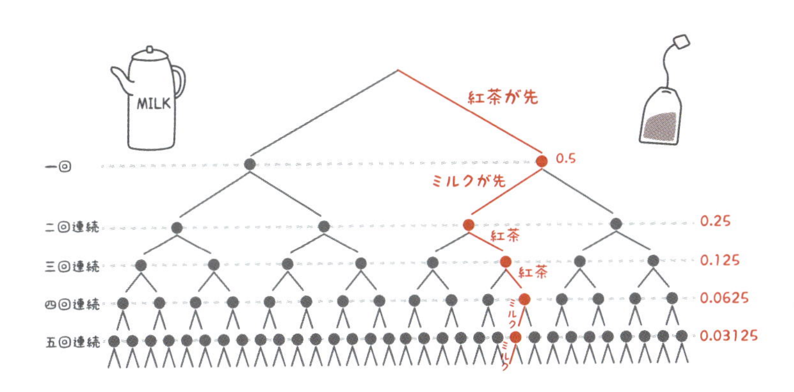

20回当て続けるとは、100万回に1回しか起きない珍しいこと

：100万回に1回？　そうなったら、誰だって「紅茶婦人は正しい！」ということに反対しませんよ。「たまたま当たったにすぎない」というには、かなり無理がありますからね。

：じゃあ、ヤマトくんは「100万回に1回」なら、紅茶婦人の話を認めるわけね。ここからが大事なんだけど、じゃあ1万回に1回ならどうかな？

：OKですね、ボクなら1万回に1回しか起きないことなら信じます。他の人も同じでしょう。

：じゃあ、100回に1回ならどうかな？　これもOK？　へ～、OKなんだ。じゃあ、何回に1回の確率であれば、「たまたまではない」とか「偶然ではない」「知っていて判断している」と思うの？

：そうですね。10％だと10回に1回起きる確率だから、ちょっと甘いかな。5％だったら、20回に1回しか起きないんで、紅茶を飲み比べて当てた場合、「まぐれ当たり」の可能性は低そうですね。

「5％＝20回に1回」という確率は、20人がアミダくじを引いて、1人だけが当たって賞金をもらうとか、宴会芸をするハメになるとか、とても低い確率のことです。なお、次の図は適当に横棒を2本ずつ引いたアミダくじの例です。

ここでは詳しい説明を省きますが、アミダくじの場合、横棒の数が1本や2本しかないときは（そういうケースが多い）、引いた真下付近にたどり着く確率が高いということを知っておくと、実際にアミダを引くときに役立つかもしれませんね。

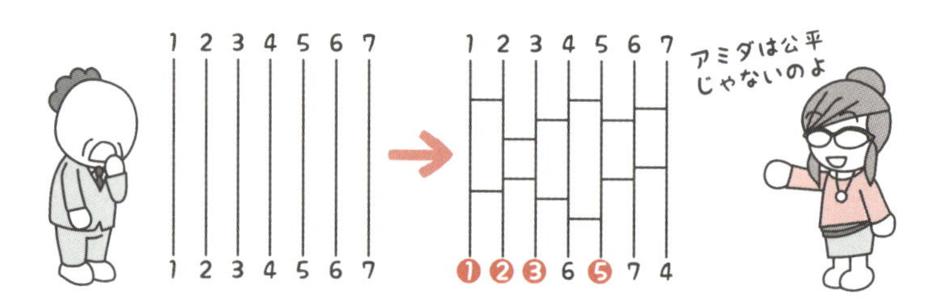

アミダくじは「直下付近」にたどり着きやすい

まぐれかどうかは「5%」で決める？

：5％か。まぁ、常識的なラインとしてはそんなところよね。ヤマトくんがいったように、**統計学では「5%」を線引ラインにしていることが多い**の。だから、5％以内のとても

小さな確率のことが起きたら、それは偶然に起きたと考えるよりも、**「まぐれや偶然ではない（知っている）」と判断しよう**ということにしている。逆に、5%よりも大きな確率になることが起きた場合、「まぐれのウチかな？」と考える。

：は〜い、わかりました。4回連続（1/16の確率）でも6.25%だから、5回連続（1/32）の3.125%でようやく5%を切るんですね。きびしい判定だなぁ。5%を切る前に間違えたら、紅茶婦人はなんと言い訳をするんでしょうね。

：「オホホ、ジョークですわ。イギリス紳士なのに、おわかりにならなかったの？」とでもいうんじゃない？

この「5%の線引ライン」を裏返すと、「95%の範囲」に入らなければよいといえます。紅茶婦人の例では、「本当に当たるのか」を考えていたので、左下のような片側だけのグラフを考えていたことになります。これを、片側検定といいます。

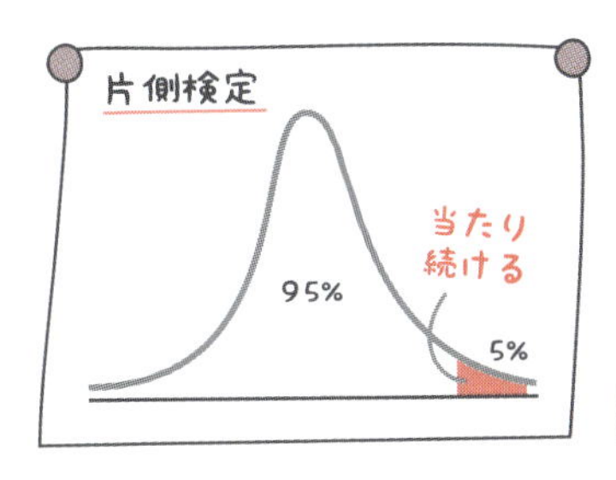

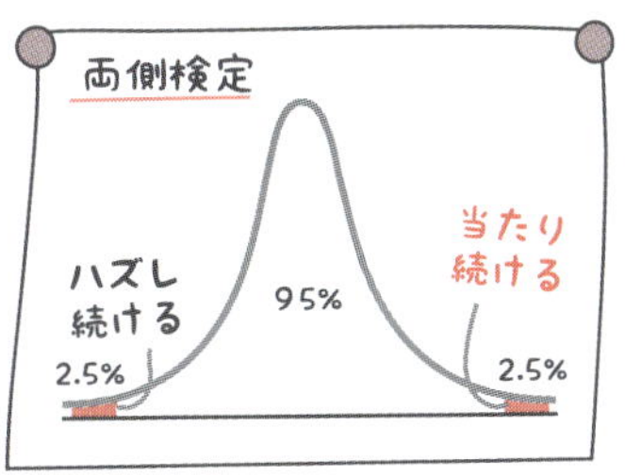

片側だけでよいか、両側で判定するかで厳しさが変わる

けれども、「外れ続ける」という珍しいケースも考慮する場合、「両方で5%」となり、これを両側検定といいます。両側検定を採用す

るか、片側検定なのかで、判断に大きな違いが出てきます（本書では「検定」の話までは扱いません）。

というのは、紅茶婦人が5回連続（3.125％）で当てた場合、片側検定（5％）では紅茶婦人が正しいだろうと認められますが、両側検定の場合、3.125％ではまだ2.5％の領域に入っていないので、さらにもう1回当てないと認められないことになるからです（紅茶婦人のケースは片側検定の採用なので少し甘め）。

片側検定か、両側検定か。「線引」するときには、最初に「どちらで判断するのがよいか（適切か）」も決めておく必要があります。

なお、ここで大事なことがあります。どれほど低い確率のことが起きたとしても、常に「グーゼン！」当て続けている可能性が残っている、という点です。だから「100％正しい」とか「絶対に正しい」とはならないのが、統計学のミソです。

「絶対」ではないけれど、

多くの人が納得するラインを設定せよ！

統計学では「5％」が多用される

4話 トレードオフって、なんだろう？

統計学では線引のラインを「5%」のように決め、それをもとに「たまたまの偶然とはいえないことだ、これは本当と認めていい」のように判断していく、といいました。

この考え方は、ふだんの仕事にも何かしらの応用ができるものでしょうか？

本人が閉め出される？ ニセモノが入ってしまう？

：理沙センパイ、さっきの質問に答えてください。ボクも線引の発想の大切さはわかったつもりですが、これって、何かに役立ちますか？ 現実の世界で応用が効く話なんですか？ さっき、セキュリティがどうの、AI スピーカーがどうのと。

：あぁ、役立ちの話か。セキュリティシステムの例だと、たとえばヤマトくんの住んでるマンションに、顔認証システムが導入されたとするでしょ。

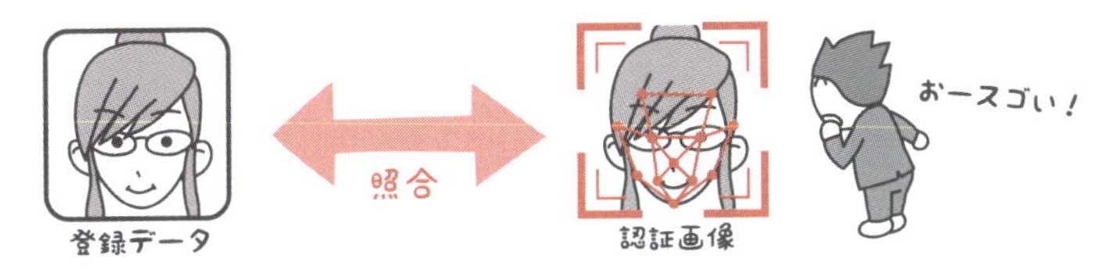

顔認証で登録された写真と本人とを照合する

：顔認証システム？　それって、どういうものですか？

：マンションに入るとき、住人の登録写真と照合して「本人か否か」を判断し、マンションのドアを開けるかどうかを判断するものよ。その点、ウチの会社はフリーパスで、誰でも出入り自由だけどね。

：顔写真で厳格にチェックしてくれれば、他の人は勝手にマンション内に入ってこれないってことですか？　ヤマトさん、安心ですね。

：でも、このシステムを厳格に運用すればするほど、利便性が悪くなる面もあるのよ。ヤマトくん自身、マンションの部屋に入れるのかどうか……。

：え、どういうことですか？　ボクは本人だから、入れるに決まってるじゃないですか。顔写真と照合してもらっても大丈夫ですよ。

「認証が厳格」ということは、登録されている「顔（写真）データ」と「現物の本人」とが少しでも違うように見えれば、「ニセモノ！」として判断されてしまうリスクが高まる、ということです。

たとえば、本人が風邪を引いて顔が腫れぼったいときや、歯ぐきが腫れてるとか、認証写真を撮ったときに比べて10kgも太ってしまった、額に傷を付けてしまった……となると、「あんたはニセモノ」とみなされ、最悪、マンションに入れなくなってしまうってことも。もちろん、運用が厳密すぎる場合です。

厳密すぎても、ゆるめすぎても……

：それは困ります。もっとセキュリティをゆるくしてもらわないと。本人なのにマンションに入れないと、部屋に戻れないじゃないですか。風邪を引いたぐらいではニセモノとせず、「本人の範囲内」と判断してもらえないと困りますよ。一気にセキュリティをゆるめてください。

：じゃぁ、セキュリティをゆるめていいのね？

：はい。ゆるめれば、ボクがどんな状態のときでも入れて便利です。安心してそのシステムを使えます。

：ホントに安心できるのかなぁ？　ゆるくなると、ヤマトくんにちょっと変装した人が、「ヤマトくん」として入ってきて、アンタの部屋に侵入してくるかもしれないよ。

：そこまでゆるめたらダメですよ。

本人でも認証されない？　偽物が入ってくる？

：じゃぁ聞くけど。どこまでゆるめたらOK？　どこまで強めたらいいの？

：あれ？　前にどこかで聞いたような話だ。そうか、「何％だったらホントと認めるか、ウソか」という線引をどこに設定するかという話と同じですね。セキュリティも何らかの基準を決めて「線引」をしないと、実際の運用ができないのか。

：そうよ。セキュリティを強めすぎると「本人が入れない危険性」が高くなるし、だからといって弱めすぎると、今度は「ニセモノが入ってくる危険性」が増えてしまう。**どっちも都合よく成り立つ、というのはむずかしい**のよ。

トレードオフの発想は自分には無関係なのか

マンションの話なら「本人が入れる」ほうを優先させれば、その結果として、顔の似た人が侵入するリスクも高まります。それをどうするか。

また、空港で感染症の世界的流行（パンデミック）が起きた場合や、麻薬・武器の取締り強化が必要な場合は、水際作戦として侵入の危険性を抑えることを優先し、線引のラインを変更するということもあるでしょう。

どこで線引するかは、そのときどきの事情やバランス感覚が必要になってきます。これは「**トレードオフ**」と呼ばれている問題で、折り合いをつけることが必要です。

身近にも、トレードオフの例があります。

たとえば、最近流行りのAIスピーカー。購入した旦那さんが「声」を登録しておき、「ハ〜イ、××××。きょうのニュースを教えて」

などと声で指示をします。自分の声を登録したのだから、旦那さんは自分の指示にしか従わないものと考えていました。ところが、奥さまが「ねぇ、××××」とやっても反応し、その指示に従ったのです。旦那さん、ショック。

これは登録した人が風邪を引いた場合でも対応できるように、かなりゆるめに設定してあった証拠です。あるいは、夫婦喧嘩をさせないための設定か……。

甘めの設定だと、どっちの声にも反応する？

ほかにも、トレードオフの事例はいろいろあります。計測精度を1桁上げることは技術的には可能であっても、そのためにはコストが3倍になるというとき、精度を取るか、コスト（結果としての売れ行き）を取るかの判断は、経営判断といえます。

ノートパソコンの重さは軽いほうが好まれますが、だからといって、50g軽くするために新素材を使い、1台につき1万円もコストが上がってしまうとしたらどうでしょうか。

重さを取るか、コストを優先させるか。「世界最軽量！」の称号が売れ行きに大きく貢献すると思うなら1万円アップでも意味があるでしょうが、はたしてユーザーがその50gに1万円も払ってくれるかどうか……。

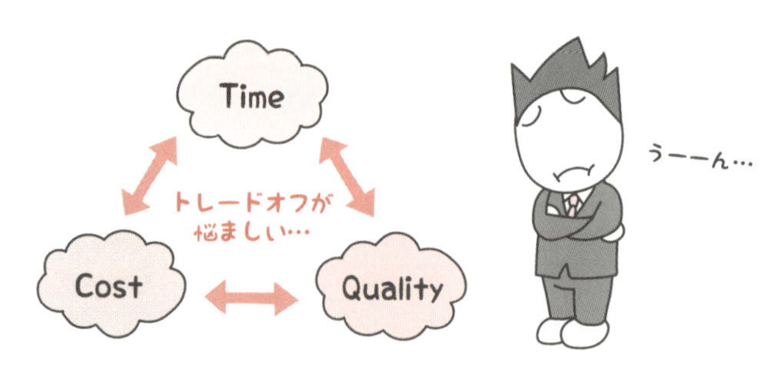

トレードオフの問題はあらゆるところで起きている

仕事の多くは1つのことで決まるのではなく、操作性と機能の多さ、コストと性能、時間（納期）と製品の完成度など、相反する「トレードオフ」を考えながら進めていく必要があります。

重要な判断では、事前に「厳然とした線引」を用意しておくことが、曖昧さを排除するうえで必要になってくるのです。

トレードオフは調整の問題

そこに完全な「解」は存在しない

第2章

統計って、２つの道具さえあればいい？

～平均と標準偏差を知っていれば、何とかなるさ！～

統計学という森に入ると、データを分析するためのツールがたくさんあることに気づきます。けれども、当面はこの2つの武器を使いこなせれば十分です。
はたして、その分析に使う武器とは……??

1話 たった1つの数値で表わせ!?

イギリスに伝わる昔話——

城を住みかにするカラスを捕まえようとして、1人が城に入ってチャンスを待ったところ、カラスは用心して木から降りてこない。

次に、2人で城に入ってその後に1人が城を出て行っても、3人で入って2人が出て行っても、4人で入って3人が出て行っても……カラスは人数の区別がつくらしい。

結局、5人が入って4人が出て行くと、5と4の区別がつかないのか、「みんな出ていったな」と警戒心を解き、木から降りたところでカラスは捕まった……とのこと。

あのカラス、何人で捕まえる?

ローマ数字の話——

Ⅰ、Ⅱ、Ⅲ、IIII、Ⅴ……。1～4までは順当にタテ棒をⅠ、Ⅱ、Ⅲ……と増やしていった表記なのに、なぜか5のところで急に記号の形が大きく変わっている（ただし、「IIII」の表記はⅤの左側にⅠを置く「Ⅳ」のほうがよく使われる：引き算の意味がある）。

全部のデータより１つのデータのほうが見やすい

：理沙センパイ、カラスの話とかローマ数字の話って、統計学と何か関係しているんですか？

：人間は億とか兆、最近では京（けい：兆の1万倍）といった大きな数を扱えるけど、目の前に5,6個の数があると人間もパニックになって、カラスのように瞬時にはその違いを把握しにくいって話よ。私もそうだけどね。

：4だって「IIII」の表記はあまり見かけませんし、IIIIIとかIIIIIIとかIIIIIIIと書いたら、もう区別不能ですね。そんなときはどうすればいいんですか？

：**全部のデータを見るより、1つのデータで代表させる**といいわよ。たとえば、次の2つの支店（札幌支店10人、福岡支店8人）の1日の売上をパッと見て、どっちの支店のほうが成績がよかったか、すぐに判断できる？

札幌支店	5万円、4万円、7万円、3万円、6万円、9万円、2万円、3万円、6万円、7万円
福岡支店	7万円、2万円、3万円、6万円、5万円、8万円、3万円、4万円

データが多すぎると、ひと目では意味がわからない？

1つの数値で代表させる「平均値」登場！

目の前にたくさんの生データが並んでいると、全体としてどうなのか、それがわかりにくい……。でも、そんなとき、全部のデータを見なくても、たった1つのデータを見るだけで、全体の傾向を推し量る「魔法のモノサシ」があります。

それが「**代表値**」です。

代表値のなかでも、日常的に使っているのが「**平均値**」です。**平均（平均値）は「全体の重心の位置」**に当たるものです。

平均値は「データ全体の重心の位置」

：どんなすごいツールが出てくるのかと思って、身構えていましたが、平均値ならボクだって知ってますよ。

：私、札幌支店と福岡支店の平均値を計算してみますね。全部のデータを足して、人数の10と8で割れば、

札幌支店＝$\frac{5+4+7+3+6+9+2+3+6+7}{10}=5.2$…❶

福岡支店＝$\frac{7+2+3+6+5+8+3+4}{8}=4.75$…❷

ということで、少しだけ札幌支店のほうがいいですね。平

均値って、たくさんのデータを見なくてもいいから便利なツールなんですね。

：平均値を見るだけで、札幌支店・福岡支店のように、

・**違うグループを比べることができる**

し、同じ札幌支店、福岡支店であっても、

・**過去と現在の変化を時系列で確認できる**

というメリットがあるでしょ？

平均値＝重心のイメージとは

：さっき「平均は全体の重心の位置にある」といわれたんですけど、いまーつ、イメージが湧きません。

：重心のイメージね。桃子ちゃんが計算してくれた❶と❷の式を、10cmの天秤棒のようなもので表わしてみようか。次の天秤棒の図を見れば、札幌支店は5.2cmのところで、そして福岡支店は4.75cmのところで、それぞれ左右のバランスが取れているということになるわね。

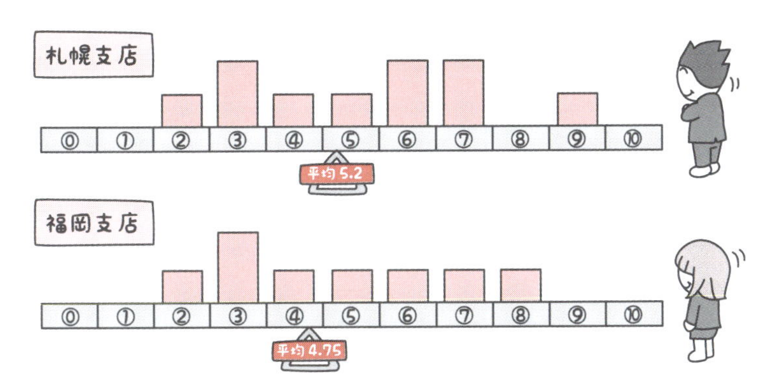

平均とは重心の位置

たとえば、「日本のへそ」という場合も重心を使うことが多く、その場合には「人口重心」と「国土重心」があります。人口重心のほうは、5年毎の国勢調査のたびに総務省から発表されています。

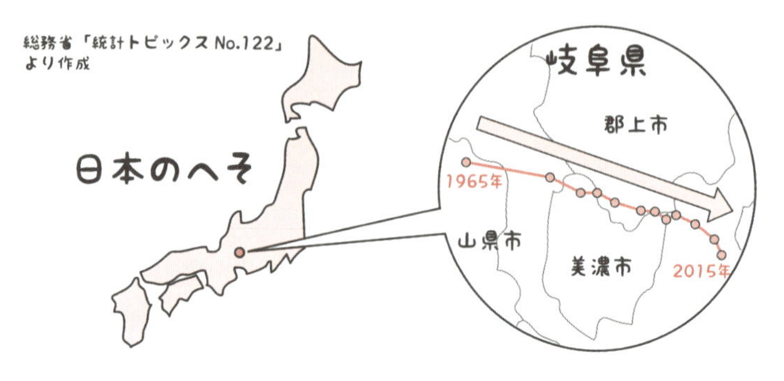

日本のへそ＝人口重心は南南東へ動いている

これは「一人ひとりが同じ重さをもつ」と仮定して、各市町村の人口から全体のバランスを保てる場所を毎年、発表しているものです。

2015年の国勢調査の結果から、岐阜県関市立武儀東（むぎひがし）小学校から東南東へ2.5km ほど行った地点（東経137 度02 分15.84 秒、北緯35 度34 分51.44 秒）が、「日本のへそ（人口重心）」とされています。

なお、2010年調査に比べ、南南東へ（首都圏方向へ）1.6km 移動しています。

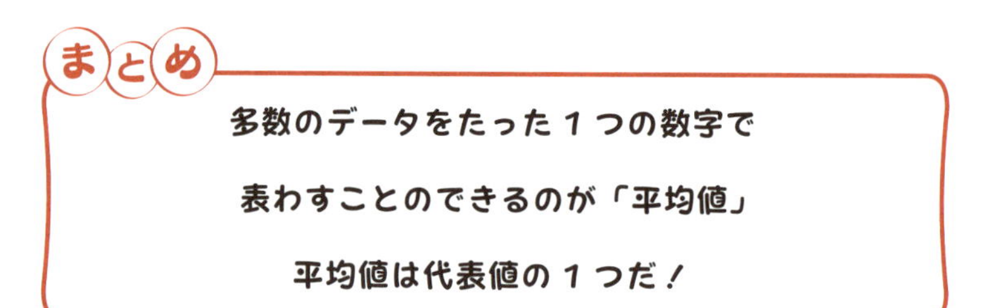

代表値が3つあるって？

：平均を応用して「日本のへそ」もわかるなんて、平均値ってすごいじゃん。ちょっと恥ずかしい質問ですが、理沙センパイは平均と平均値って言葉を使ってますけど、この2つは厳密には違うものですか？　それとも同じ？

：ごめん、両方の言葉を使ってたよね。2つはまったく同じ。平均値は「データ全体を代表」している値だから「代表値」といういい方をすることもあるけど、代表値には、

平均値、中央値、最頻値

の3つが知られているの。そんなときは、中央値とか最頻値に合わせて、私もつい「平均値」と呼んでしまうことが多いかな。普通は「平均」って呼ぶほうが多いと思うけど、まったく「同じ」意味よ。

：わかりました！　ただ、平均値って小学生のころから知ってるんで、なんだか拍子抜けですね。

：平均値はそれだけ奥が深いってこと。ただ、平均値という1つの数字で全体を表わせるといっても、万能ではないからね。アキレス腱があって、全体を代表しないこともあるってことを知った上で使わないとダメよ。

平均値だけでは「実態」が見えてこない？

理沙さんが指摘した、「平均値にはアキレス腱がある」という一言、少し気になります。「代表値の中の代表値」ともいえる平均値に、

どんなアキレス腱（致命的な弱点）があるというのでしょうか。
代表値には、次の「平均値、中央値、最頻値」の3つが知られています。

データの代表値「平均値・中央値・最頻値」の違いは？

「データの代表」だというのに3つもあること自体、不思議な話ですが、これは全体を「代表するポイント」がそれぞれ異なるためです。

まず、平均値は全部のデータを足して、そのデータ数で割りました。ということは、平均値はデータ全体のバランスの取れた位置ということで、「平均値とは、データ全体の中で、重心の取れた位置」になるわけです。データの重心なので、天秤やシーソーのイメージです。

平均値はシーソーで左右の重心を取っているようなもの

：平均値は「データを全部足して、データ数で割る」と計算できますけど、データ数が多いと計算するのがイヤになりますね。中央値はどんな計算をするんですか？

：「**中央値**」は計算が不要と思っていいかな。全体のデータを小さい順に並べたとき、ちょうど「どまん中」のデータのことを「中央値」というの。もちろん、大きい順に並べても同じ。5人いれば「どまん中」は3番目のデータなので、下の場合であれば3人目の身長が中央値になるのよ。

中央値（1） 奇数の場合は「どまん中」の人

：3人とか5人のような奇数だったら「どまん中」は1人に決まりますけど、偶数のときはどうすればいいですか？

：たしかに、偶数のときは「どまん中」の人がいないわね。だから、図の例なら**3番目と4番目の人の平均値**を取るの。

中央値（2） 偶数の場合は、まん中の2人の平均値

：平均を取るといっても、3番目と4番目の人の身長が次のように大きく違っていても、同じ計算をするんですか？

中央値（3）「まん中の2人」の差が大きいときも同じ処理

：やり方はまったく同じ。たまたま2人の間に極端に大きな差があっても、2人の平均を取ることに変わりはないの。ただ、たくさんのデータを取ってそれを小さい順（あるいは大きい順）に並べると、まん中あたりは同じような数値になりやすいから心配しなくていいけどね。

最頻値は区分によって変わることがある？

さて、最後の代表値の「**最頻値**」とは、どんなものでしょうか？

これは文字通り、「最も頻繁に現れる値（データ）」ということなので、いちばん頻出するデータのことをいいます。

次の15個の数字の場合であれば、5が最多の3回、9が2回、それ以外は1回ずつ出ていますので、5が最頻値です。

1,2,3,5,5,5,7,8,9,9,11,13,17,19,20

ただ、最頻値は範囲で「区分け」をした場合、その区分の区切り

方によっては、最頻値が変わってしまうこともあります。このデータを1〜3、4〜6のように3区切りで、あるいは1〜5、6〜10 のように5区切りでそれぞれ分けて見ると、同じデータだったのに、最頻値のグループ（階級ともいいます）が変わります。

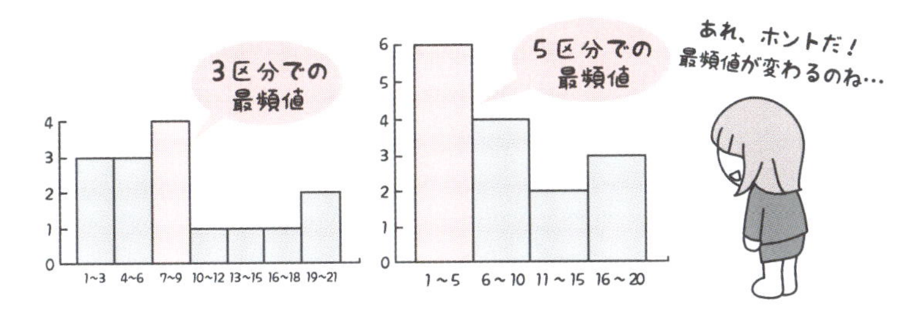

同じデータでも、区分によって最頻値が変わることも

最頻値は、このように区切り方によって変わってしまうことがありますので、意図的な区切りになっていないか、注意して見ることが必要です。

まとめ

代表値には平均値、中央値、最頻値がある

どう使い分けたらいいのかを知っておく

3話 平均値が1800万円って、ウソでしょ？

：平均値・中央値・最頻値の3つの代表値については、ざっくりと、わかりました。いまボクが知りたいのは、理沙さんがいった「平均値はデータ全体を代表しないこともある」という場合のことなんです。アキレス腱とか……。

：そうね。一般論は後回しにして、まずはいちばん有名な実例を紹介しましょうか。便利なはずの「平均値」が、実は「必ずしも全体のデータを代表していないことがある」という実例ね。感覚的にもピンとくると思うわよ。

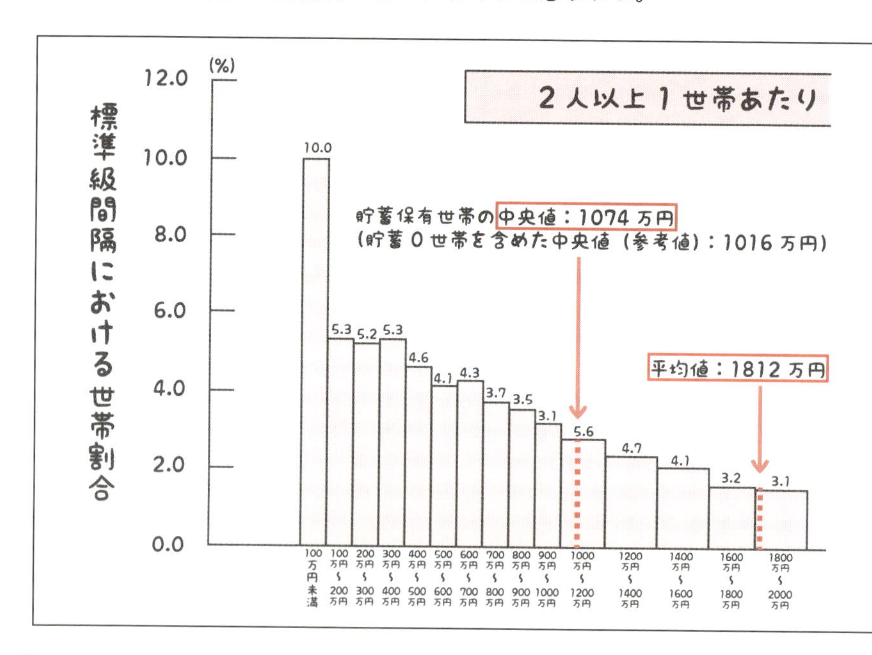

平均値と中央値、最頻値がテンでバラバラ！

理沙さんのいう「いちばん有名な実例」とは、図にあるとおりです。図は、「1世帯（2人以上）あたりの貯蓄現在高」（総務省統計局「家計調査報告」2017年）で、その平均額は1812 万円と書かれています。

さて、この平均値の大きさを知って、どう感じたでしょうか？

：えっ？　平均で1812万円？　ボクの家には絶対、そんな貯金はありませんよ。ローンならあるかもしれないけど。

：これは毎年、総務省から発表されていて、そのつど物議を醸すのよ。「そんなに貯金はないよ」ということと、「平均

2018年5月公表

の、貯蓄現在高は？（2017年）

平均値、中央値、最頻値を
比べてみるよ！

2000万円〜2500万円	2500万円〜3000万円	3000万円〜4000万円	4000万円以上
6.3	5.0	6.9	11.8

値は実態を必ずしも反映していない」ことが問題視されているわけ。

：1812万円はすごく大きな金額だけど、「実態を反映しない」というのはいいすぎでは？　他の家庭ではもっているのかもしれないし。

：「実態」って言葉は少し曖昧だったかな。じゃぁ、こう考えようか。仮に、「全世帯」を連れてきて、貯金の少ない順に並べる。そのとき、「まん中の家庭が実態に近い」というならいいかな？　その金額が「1074万円！」といったら？

：それって、中央値のことですよね。「小さい順に並べて、真ん中の値」というのは。たしかに、このグラフにも中央値＝1074万円と書かれています。

：大まかにいうと、1800万円の平均値に対して、中央値は1000万円～1100万円か。半分になっちゃった。

中央値＝約1100万円

平均値＝約1800万円

同じ代表値でも、金額は全然違っていいの？

なぜ、平均値は「まん中」（中央値）よりも、こんなに大きくズレたのでしょうか。それは「平均値＝重心の位置」と関係があります。

先ほどの「1世帯あたりの貯蓄現在高」のグラフを簡略化したのが下の図です。右の方に4000万円以上の貯金をもっている大金持ちが結構いるため、それらの世帯が平均値を右のほうへ右の方へと、ぐいぐい引っ張っているのです。これが、予想以上に平均値が大きくなってしまった理由です。

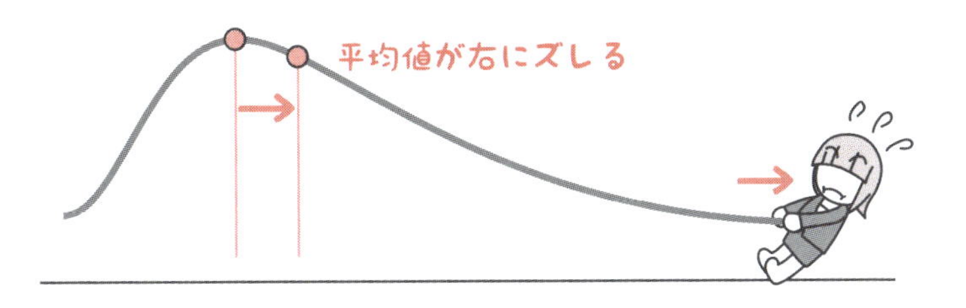

右の方へぐいぐいと「平均値」が引っ張られる

最頻値はどこにあるの？

：平均値は大きな数値に引っ張られてしまうんですね。3つ目の「最頻値」はいくらになるんですか？　どこにも金額が書いてなかったですよね。

：「最頻値」はこのグラフには書いてないけど、「いちばん多い値」のことだったでしょ。グラフから探してみて。

：左端の「100万円未満」……というグラフが最頻値じゃないでしょうか？

：ホントだ、棒グラフの高さで見ると、100 万円未満がいちばん高いなぁ。

：「棒グラフ」ね……まぁ、そう呼んでもいいけど、これは隣の棒がくっついた「**ヒストグラム**」というのが正式な呼

称。「柱状グラフ」ともいうわよ。**高さより、面積で表わせる**のが特徴だけど、いまはその話はパス。

：平均値は1800万円、中央値は1100万円、最頻値は100万円未満か。どれを信用したらいいのか、さっぱりわからなくなってきました。

：代表値といっても3つあって、それらが必ずしも一致しないということ。その理由はなんだと思う？

平均値と中央値、最頻値が一致する？

理沙さんから、「代表値が一致しない」という話がありましたが、3つの代表値「平均値・中央値・最頻値」が一致することもあります。それが、次のグラフ❶のように、左右がバランスの取れた分布のときです。

このときは、平均値・中央値・最頻値が一致します。このような分布を、「**正規分布**」といいます（正規分布については、第3章で見ることにしますね）。

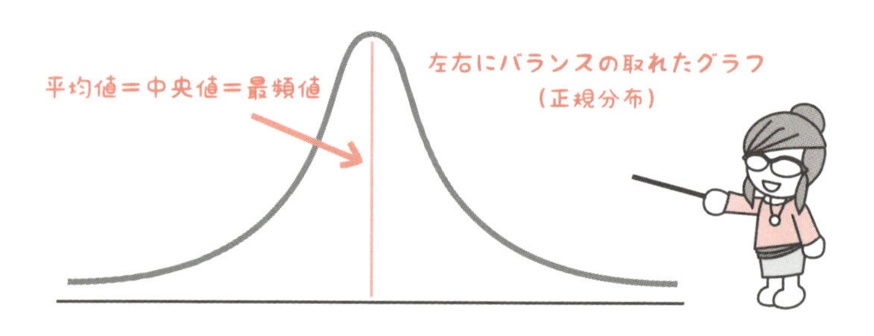

グラフ❶　左右バランスの取れた分布のとき

これに対し、グラフ❷とグラフ❸のように、片側に引っ張られている分布をする場合は、3つの代表値は一致しません。なぜかというと、平均値は外れた値（**外れ値**）に大きく引っ張られるからです。

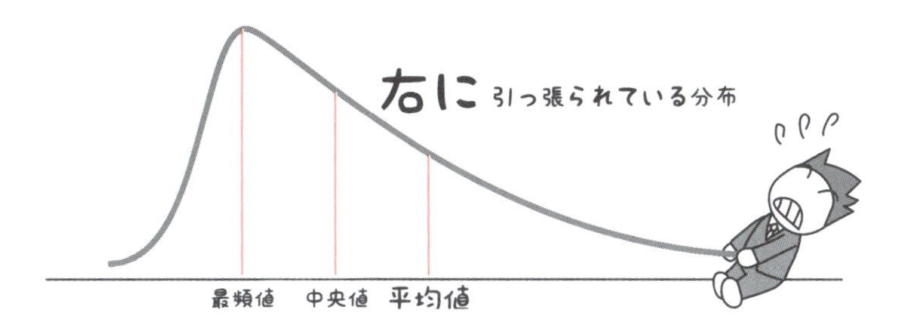

グラフ❷　右に引っ張られている分布のとき

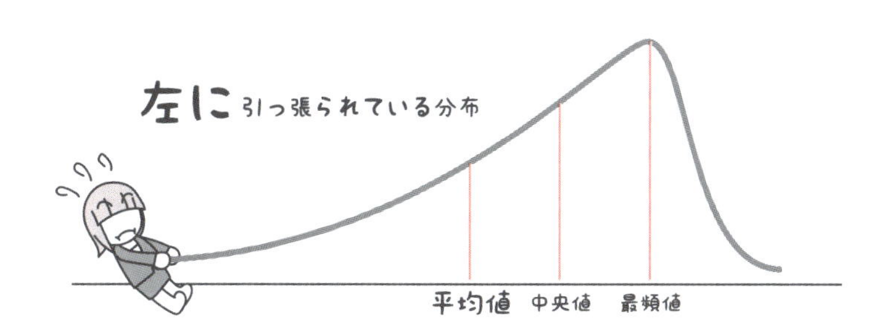

グラフ❸　左に引っ張られている分布のとき

先ほどの「貯蓄現在高」のグラフは、グラフ❷に近く、右に引っ張られた形です。その場合は、平均値がいちばん大きくなり、次に中央値、最頻値（最頻値＜中央値＜平均値）と続きます。4000万円以上の大金持ちに引っ張られた形です。

逆に、グラフ❸のように、左に引っ張られるようなグラフになると、「平均値＜中央値＜最頻値」の順になります。

平均値は外れ値に弱く、中央値は堅牢（ロバスト）とは？

これらのことから、平均値がいつもいちばん大きいわけではないこともわかりますが、平均値がいちばん動きやすい傾向が見えますので、「**平均値は外れ値に弱い**」といういい方をすることがあります。

たとえば、居酒屋に4人のお客がいて、そのお小遣いの平均が3万円だったとします。そこへビル・ゲイツ（外れ値）が入ってきたら、平均が一気に1億円になるかもしれません。外れ値に引っ張られた事例です。

平均値は「外れ値」で大きく動く

逆に、中央値は右に引っ張られても、左に引っ張られても比較的、それらに影響されにくい性質をもっています。このため「**中央値には堅牢性（ロバスト性）がある**」といったいい方もします。

中央値はビクとも動かないぞ！

その意味では、「大元がどんな分布になっているのか」がある程度まで予想できていないと、平均値だけで「代表させていい」とはいえないのです。逆にいうと、3つの代表値の値がわかっていれば、元の形がある程度推測できるということです。

まとめ

代表値には「平均値、中央値、最頻値」がある

平均値は外れ値に弱い！

中央値は堅牢だ！

バラツキ度はなぜ必要？

平均値だけじゃ、ちょっとわからないことがある？

平均値が外れ値に弱いことはよくわかりましたが、もう1つ、平均値だけではわかりにくいことがあります。それは「データの分布状況」です。

次の表を見てください。営業の1課、2課、3課には各10人ずつが在籍しています。ある日の売上は1課、2課、3課ともに平均5万円でした。そうすると、1課〜3課まで同じ評価をしてよい、ということでしょうか。

	1課	2課	3課
	5	3	0
	5	4	0
	5	4	0
	5	5	0
	5	5	0
	5	5	10
	5	5	10
	5	6	10
	5	6	10
	5	7	10
合計	50	50	50
平均値	5	5	5

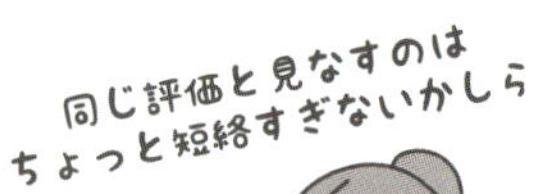

平均は5万円なので「横並び」と見てよいのか？

数字だけ見てもイメージしにくいので、まずグラフにしてみます。次の図がそれです。ずいぶん、見た目が違います。

1課は全員5万円ずつ。2課は3万円〜7万円までバランスよく並んでいて、3課には5万円の人が1人もいないのに、それでも平均値はどれも5万円です。

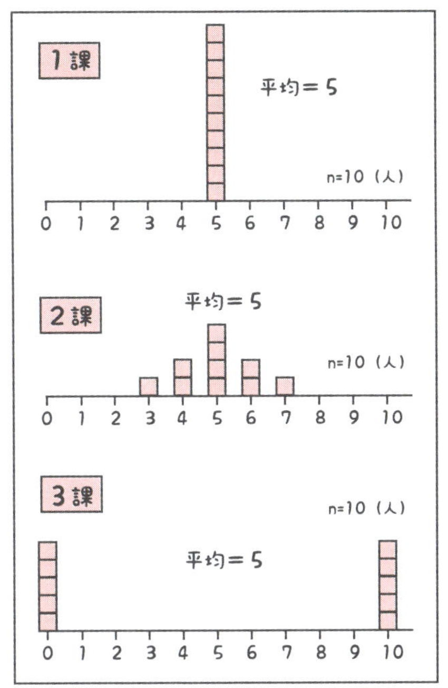

1課〜3課までをグラフ化してみると……

このように**平均値は同じであっても、分布の状況がまるで違う**こともあります。数学のテストで難解な問題が出されると、得意な人は百点近くが多くなり、不得手な人は0点近くのケースが多いなど、「まん中がいない」といった極端なケースもありえます。

そこで、身近な平均値を使いつつ、「データの散らばり具合」あるいは「データのバラツキ具合」をうまく表わせると便利そうです。その方法を考えてみることにします。

データのバラツキ度をどう表わすか？

：なるほど。こんなにデータがバラバラに散らばっている状況でも、「1課から3課まで、平均の成績は同じでした。各課で違いはありません！」なんて上司に報告したら、バッカモンと一喝されそうですね。だったら、「1課はバラツキ具合がゼロ、2課は中ぐらいのバラツキ、3課はバラツキが大きい」とでもいえばいいんじゃないですか？

：それも一案ね。だけど、下のグラフで左が2課の例で、右のような似たデータがあると、バラツキはどういえばいいと思う？　両方とも「中ぐらい」？　差はないの？

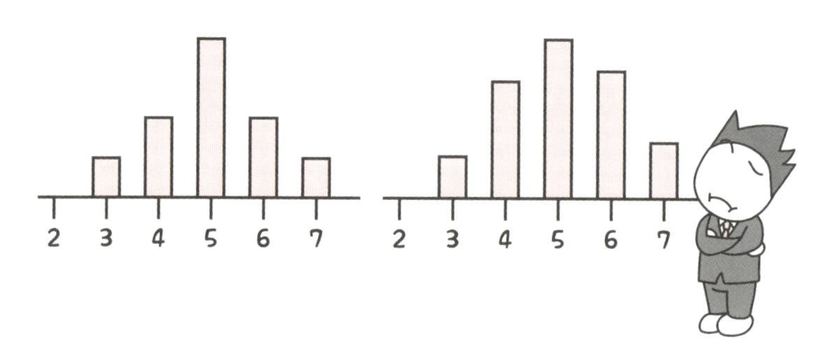

似たバラツキの分布。さて、違いはどういえばいいのか？

：両者とも中ぐらいのバラツキで……。あ、しまった。理沙センパイのいったとおりの説明になった（汗）

：かなり苦しそうね。それに、何をもって「中ぐらい」というの？　会議に出席していた社長が、「ヤマトくん！　2課は『中くらい』というより『小さめ』といったほうが適

切じゃないか？」というかもしれない。中ぐらいとか、小さめって、人の感覚の違いだよね。

：ヤマトさん、人によって受け取る感覚は違うから、**「バラツキの度合いを数値で示す」**ように工夫すればどうですか？　さっき、ヤマトさんは「1課のバラツキはゼロ」っていわれましたよね。平均値からの距離がすべて0だから、たしかに「バラツキ度はゼロ」ですよ。

：そうか、1課は「バラツキ＝0」なのは間違いないから、2課と3課も、なんとか数値で表わせればいいんだ。

：そういうこと。何か、実態に合いそうな指標をひねり出せばいいわけ。よいモノサシが見つかれば、それを採用する！

：ひねり出す？　あいかわらず理沙さんは乱暴な言い方ですねぇ。で、どうすればいいんだろ……。

平均値というのは、「各データを足して、それをデータ数で割ったもの」でした。つまり、平均値は「各データからの距離をプラス・マイナスすると等しくなる場所」ということです。

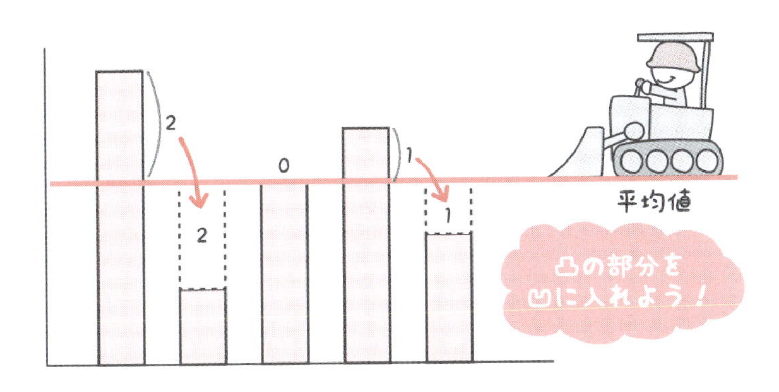

平均値とは、各データの凸凹を「平に均す」こと

そうすると、最初に「バラツキ度」として考えられる候補は、「平均値からの距離を全部カウントしてみる」という方法です。

1課などは差がないので「0」になり、2課、3課はバラツキ度を示す数値が出てきて、おそらく3課がいちばん数値が大きくなるだろう、と予想できます。各データが平均値から離れていればいるほど、バラツキ度は大きくなるはずですから。

計算してみたら不思議なことに……

：見た感じでは、3課のバラツキ度がいちばん大きくなりそうですね。さっそく「中心（平均値）との差」を取って、それを足し合わせてみます！　それをデータ数で割れば……。

：計算がめんどうだから、分子だけ計算してみてくれる？うまくいくか見るだけだから、それでいいでしょ。

：そうですね。では、「データ」から「平均値」を引いていって、それらを順々に足し合わせればいいんだから、1課は全員5万円、平均値も5万円。よって、

(5－5)＋(5－5)＋(5－5)＋……＋(5－5)
=0＋0＋0＋……＋0
=0

思った通り、1課は0になりました。バラツキ度=0だ！

：その調子その調子……といいたいけど、さて、どうかな？まぁ、続けてみてよ。

：え？　不安な言葉を投げかけますね。でも、気にせずに続けますよ。2課と3課のデータは次の通りです。
平均は2課も3課も5万円でした。じゃぁ、平均値との差は、Excelに計算を任せてしまっていいですね？

2課
3万円 …… 1人
4万円 …… 2人
5万円 …… 4人
6万円 …… 2人
7万円 …… 1人

3課
0万円 …… 5人
10万円 …… 5人

2課	平均値	差し引き
3	5	-2
4	5	-1
4	5	-1
5	5	0
5	5	0
5	5	0
5	5	0
6	5	1
6	5	1
7	5	2
	（総計）	0

3課	平均値	差し引き
0	5	-5
0	5	-5
0	5	-5
0	5	-5
0	5	-5
10	5	5
10	5	5
10	5	5
10	5	5
10	5	5
	（総計）	0

1課〜3課まで、すべて「0」？

あれ？　2課、3課も「0」になってます。どうしてだろう？ Excelの処理方法を間違えたかも？

：計算を間違えたかどうか、すぐに確かめてみたら？　3課の計算なら単純だから、手で計算できるでしょ。

：今度は、私がやってみます。0万円が5人、10万円が5人、平均は5万円だから、
（0－5）×5人＝－ 25…❶　（10－5）×5人＝25…❷
❶と❷から計算すると……あ、やっぱり総計は「0万円」ですね。これってどういうことですか？

とても不思議な話です。データを見る限り、1課、2課、3課ではデータのバラツキがバラバラなのに、その3つで差が全然つかないし、すべて「0」になりました。

けれども、理沙さんは最初からわかったうえで、ヤマトくんに計算させていたようです。どういうことでしょうか？

：まだ気づかない？　71ページの図を見ればわかると思うけど、「平均値」って、各データとの差が均等な、バランスの取れた位置にある値だったよね。凸凹を修正して、均(なら)した値だから……。

：そうか、それなのに（データー平均値）を各データごとに計算して、それを足せばプラス・マイナスの総数が同じになり、いつも「合計0」になってしまうんだ！

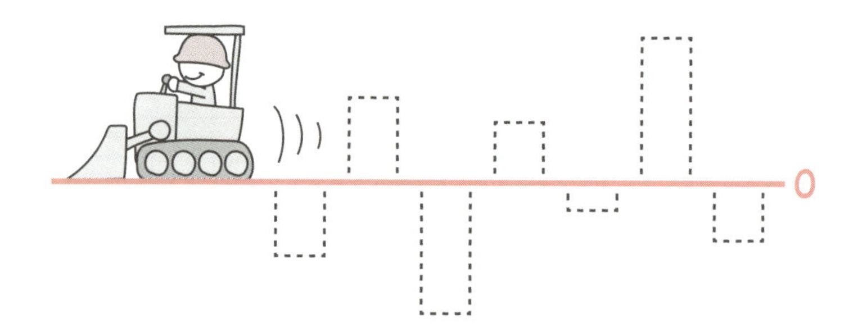

データの凸凹を直したら「0」になる！

：そういうこと。平均値と各データに目を向けたのはいいけれど、**マイナスになった数を「マイナスにしない」処理**を考えないと、いつまでも解決しないよ。これは「平均値からどのくらい離れているか」の距離の問題だから、マイナ

スなんていらないわけ。

：そうですね、マイナス側の数値を「プラス」に変えようということですね。すぐに思いつくのは、絶対値記号｜｜です。だけど、私は絶対値の扱いって、得意じゃないんです。理沙センパイ、絶対値以外を使って「マイナスをプラスに変える方法」って、何かないですか？

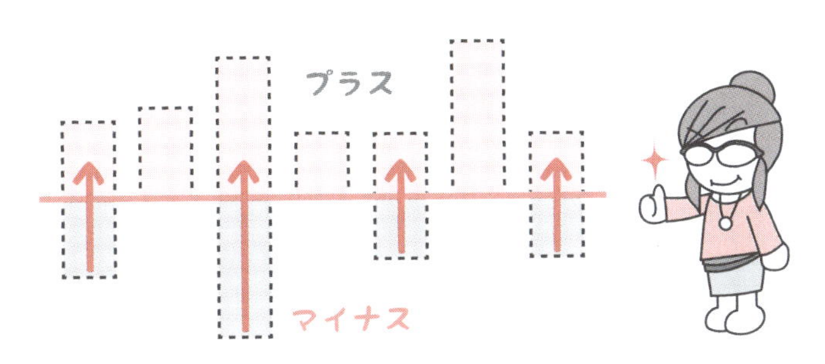

マイナスをプラスに変えてしまえば「0」にならない！

何か、マイナスをプラスに変えるアイデアは？

「マイナスになってしまう数をプラスにする方法」としては、たとえば「2乗する」という手が考えられます。

「(3－5)＝－2」ですが、2乗すると「$(3-5)^2=(-2)^2=4$」となります。

たしかに、2乗する方法なら「マイナスの数値をプラスに変換」できますし、平均値との距離の大小も反映してくれます。うまく数値化できそうです。

ヤマトくんに代わって、1課、2課、3課で計算し直してみます（今度は人数の10で割ることを忘れないようにします）。

1課	平均値5との差	差の2乗
5	0	0
5	0	0
5	0	0
5	0	0
5	0	0
5	0	0
5	0	0
5	0	0
5	0	0
5	0	0
（総計）	0	0
バラツキ度＝		0

2課	平均値5との差	差の2乗
3	−2	4
4	−1	1
4	−1	1
5	0	0
5	0	0
5	0	0
5	0	0
6	1	1
6	1	1
7	2	4
（総計）	0	12
バラツキ度＝		1.2

3課	平均値5との差	差の2乗
0	−5	25
0	−5	25
0	−5	25
0	−5	25
0	−5	25
10	5	25
10	5	25
10	5	25
10	5	25
10	5	25
（総計）	0	250
バラツキ度＝		25

バラツキ度（分散）がそれぞれ計算された！

このように、「平均値との差」ではなく「平均値との差の2乗」で考えると、2課、3課の「バラツキ度」は「0」ではなく、きちんと違いが出てきました。

：やっとできた！　これで、バラツキ度合いは、

1課＝0、2課＝1.2、3課＝25

となります。これなら社長が「2課のバラツキは小さいのではないか？」といっても、「2課のバラツキは1.2です」と数値で答えられますよ。「小さい、大きい」ではなく、数値で比較できるのはいいですね。よし、カンペキだ！このバラツキ度にネーミングしませんか？

：もう「分散」という名前が付けられているのよ。立派な統計学用語。残念ながら、私たちが最初に見つけたものではないんだからね。バラツキ度、つまり**データの散らばり具合の様子を見ているのだから、「分散」**というわけ。

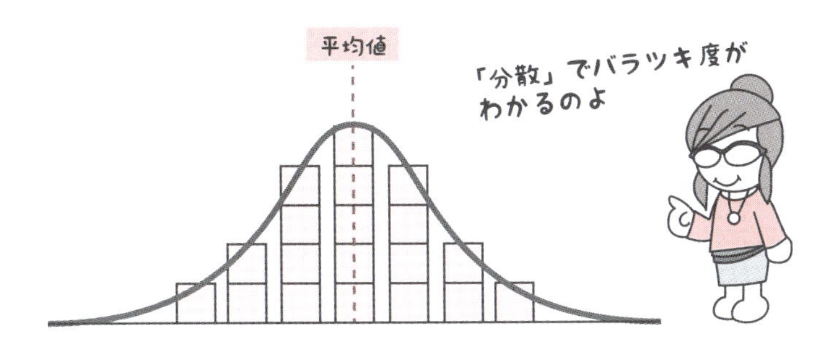

データのバラツキ度＝分散！

：なんか、そのまんまのネーミングですけど、まあ「バラツキ度＝分散」って忘れにくくていいですね。「分散」かぁ、ボク、気に入りました！

データのバラツキ具合は「数値」で表わそう！

それが「分散」だ！

5話 分散が嫌なら「標準偏差」に？

ヤマトくんは、データのバラツキ度合いを計算できたためか、とても「分散」に満足して何の疑問ももっていないようです。

けれども、桃子さん、さっきから「分散」に対して何か引っかかっている模様。何を考えているのでしょうか？

分散の単位が気に入らない？

：私、さっきから気になってるんですけど。3万円とか5万円とか、売上金額の話でしたよね。だから、そのバラツキ度を見る分散についても、「2課の分散は1.2万円です!」だったらナットクできるんです。でも、分散って、計算段階で2乗してるから、「2課の分散は1.2万円^{2}です!」ということになりませんか。「1万円^2」って単位、ヘンです！

分散でOK？ それとも不満？

：単位なんて、どうだっていいじゃん。「バラツキ度を数値で比較すること」にポイントがあったんだし。分散にクレームを付けないでほしいな。

：ヤマトくんのいうように、分散を使って数値で比較できるようになったのは大きな進歩だけど、桃子さんのいうように「これでいいのかな？」と疑問をもつことも大事。それに、分散の問題点にすぐに気づいたのには、私も少し驚いたわよ。
じゃぁ、ちょっと説明しようか。
たとえば、次のアイドル5人の身長が左から、170cm、168cm、173cm、180cm、164cmだとすると、バラツキ度（分散）はどうなると思う？

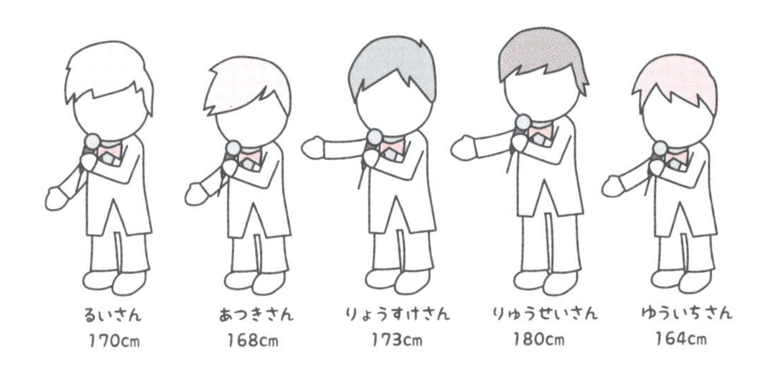

5人の「分散」はどうなる？

長さが面積に変わった？

：理沙さん、今度は私に計算させてください！
①5人の身長から平均値を計算すると……171cm

②各人から平均値を引いて、それを２乗する
③全部足して、それを５で割って「分散」を出す
この②、③については、Excel で計算します。

アイドル５人衆	平均値171cm との差	差の２乗
170cm	−1cm	1cm^2
168cm	−3cm	9cm^2
173cm	2cm	4cm^2
180cm	9cm	81cm^2
164cm	−7cm	49cm^2
（総計）	0	144cm^2
	分散＝	28.8cm^2

5人の平均値と分散を計算してみる

えっと、分散はExcelの計算で28.8cm^2になりました。やっぱり、「cm^2」はヘンじゃないですか？

：どこがヘンなのかだけど、身長って単位はcmだから「長さ」だよね。それが分散で表示するとcm^{2}になった。ヤマトくん、「cm^2」って、何だっけ？

：「面積」ですね。あ、「長さ」が「面積」に変わってる！すごいおもしろい！

：えぇ～、おもしろいですか？　長さは長さ、お金はお金の単位で説明しないと、しっくり来ないんですけど。いまは長さを比較しているのに、面積で答えが出るなんて……。やっぱりおかしいな。

単位が「長さ」→「面積」に変わった？

：そうね。だから分散を使ってもいいけど、桃子ちゃんがいうように、**元の単位に戻したほうがスッキリする**かもね。

「分散」が嫌なら「標準偏差」を使う？

ヤマトくんは「分散」をとても気に入っているようですが、桃子さんは「分散」にしっくりこないようです。そこで、単位を元に戻す操作をしてみたのが「**標準偏差**」です。「偏差」とは平均からの偏り具合、つまりバラツキ度のことです。

分散が「差を2乗」した結果、単位が2乗したものになったので、単位を戻すには、分散のルート（平方根）を取ってみればよいでしょう。

$$\sqrt{分散} = 標準偏差$$

これだけです。つまり、分散と標準偏差とは計算方法が少し違うだけのことで、考え方はまったく同じです。

：じゃぁ桃子ちゃん。仕上げに、1課～3課までの標準偏差を計算してみてくれる？

：は～い。分散はさっきヤマトさんが「バラツキ度」として計算してくれたので（76ページ）、1課＝0、2課＝1.2、3課＝25です。標準偏差は、そのルートを取るだけなので、

1課＝$\sqrt{0}$＝0（万円）
2課＝$\sqrt{1.2}$＝1.09（万円）
3課＝$\sqrt{25}$＝5（万円）

こうなります！

：ざっくりというと、1課＝0万円、2課＝ 1万円、3課＝ 5万円ですね。平均値が5万円で、そのバラツキ度（標準偏差）が0万円、1万円、5万円です！

標準偏差も分散と同じ「バラツキ」の指標だ

分散のルートを取ったものが「標準偏差」

内容的には「まったく同じ」もの

コラム

何これ？「Σ」って覚えないとダメなの？

：統計学の教科書を見ていると、ヘンな記号が出てくるよ。

：そうそう、$\sum_{i=1}^{5}(x_i - \bar{x})^2$ ……❶、のような式ですね？

Σって、なんて読めばいい？

：Σは「シグマ」。シグマ記号を使ってやってることは、
(1番目のデーター平均値)^2＋
(2番目のデーター平均値)^2＋
……＋（5番目のデーター平均値)^2　……❷
ということ。記号って、約束事だからそれを理解すればいいだけなのよ。❶の式が好きだという人もいるけど、私は統計学の初歩だったら、❷の式で十分だと思ってるから、今後も、❶のΣの式を使うつもりはないわよ。

理沙さんが使うつもりはなくても、このΣに出食わしたときに困らないよう、その意味だけは少し理解しておきましょう。

まず、Σ（シグマ）という記号には「全部足せ！（総和)」という意味が込められています。英語では、総和をsum（サム）というので、その頭文字「s」からギリシャ語の大文字「Σ」が当てられています。小文字「σ」（シグマ）は、実は「標準偏差」の記号として使われます。

さて、先ほどの❶式でやっていることは何でしょうか？

まず、左に書いてある$\sum_{i=1}^{5}$は、「Σの右の式のiに、1、2、3……と順に入れていけ。最後に5まで入れたら、それらをすべて足せ！」という意味です。

右の式は、$(x_i-\bar{x})^2$と書いてあります。このx_iは、1番目、2番目、3番目……のデータを入れていく、つまりさっきのアイドルの身長だったら、1番目＝170cm、2番目＝168cm、3番目＝173cm、4番目＝180cm、5番目＝164cm となります。

$\bar{x}$というのは「xバー」と読み、「平均値」を表わす記号ですから、$(x_i-\bar{x})$とは「それぞれのデータから平均値を引け」ということ。平均値は171cm だったから、アイドルの話なら、$\bar{x}=171$。

式は$(x_i-\bar{x})^2$のように2乗になっているから、それぞれ、

$(170-171)^2$　　$(168-171)^2$　　$(173-171)^2$

$(180-171)^2$　　$(164-171)^2$

上の数字で色の付いているところが、1番目から5番目までのデータに当たります（$i=1$～5）。そして、Σは「すべて足せ」という意味だったから、この場合は、

$$\sum_{i=1}^{5}(x_i-\bar{x})^2=(170-171)^2+(168-171)^2+(173-171)^2+(180-171)^2+(164-171)^2$$

で、答えは144。なお、分散を算出するには、この144をデータ数の5（人）で割ることになります。

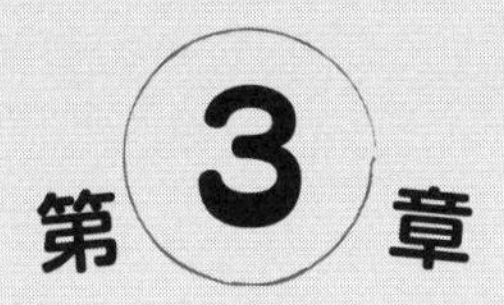

正規分布って、なんだ？

～分析をはじめるための、最初の一歩！～

サイコロを投げると1～6の目がほぼ均等に（一様に）現れるので、「一様分布」といいます。また、店の商品を売れ行き順に並べると右下がりのグラフになる「べき分布」もあります。
でも、数ある分布の中でもよく見かける「正規分布」を押さえておくことが、統計学に強くなる近道になるのです。

1話 聞き慣れない「セイキブンプ」？

正規分布、セイキブンプ……？　まず最初に、この言葉に戸惑う人も多いかと思います。「正規」とは正式な規則・ルールのことですから、「正式な規則に基づいた分布」となって、じゃあ「不正規な分布ってのがあるのか？」と、ややこしくなってしまうのも無理はありません。

正規分布とは「よく見かける分布」のこと？

：理沙センパイ！　前に3つの代表値の話がありましたよね。平均値、中央値、最頻値のことですが、これらの値が一致することがあって、それは「セイキブンプ」のときだ、とありました。これって何ですか？

：ヤマトさん、「**正規分布**」と書くらしいですよ。理沙センパイ、「正しい分布」という意味なら、「正しくない分布」もあるということですか？

：日本語に訳すと、かえって意味が伝わりにくいケースもあるからね。そんなときは、元の英語に戻ってみるといいわよ。

：元の英語は……っと、「normal distribution」ですね！

：ノーマルって「ふつうの」という意味ですよね、ということは、「正しい分布」というよりも「ふつうの分布」とい

うことですか？　でも、何が「ふつう」なんだろ？

：「ふつうの分布」というよりも、「**正規分布とは、ありふれた、どこでもよく見かけるような分布**」と考えたほうが近いかな。たとえば、身長が正規分布の代表例。高校男子の身長だと、170 センチくらいにいちばん多くの生徒が集まって、その位置から離れるにしたがって、徐々に人数が減っていくと予想できるでしょ？

：あぁ、**まん中あたりにいちばん多く集まって、左右対称な「山型」の分布グラフ**、になるってことですね！

：そうそう、それが「正規分布」。たとえば、ある高校の3年A組の男子生徒20人の身長を計測したら、次のようになったとする。このグラフはダミーだけどね。男女は身長の場合、いっしょに扱わないほうがいいわよ。

「まん中がいちばん高くて左右対称」な分布

：20人ぐらいなので、凸凹が目立ちますね。もっと人数が増えたら、少しなめらかになるかもしれないですけど。

：そうね。じゃあ、3年A組という1クラスではなく、同じ県の高校3年生男子の身長グラフを取ってみたら、サンプルも増えて次のようになったとするよ。

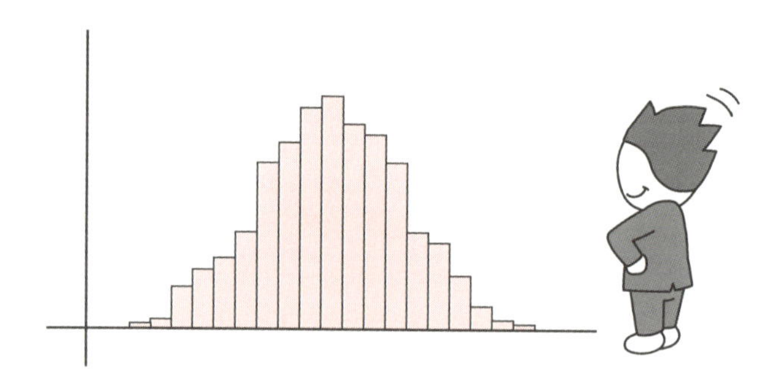

データが増えてなめらかになった

：おぉ、かなり細かくなりましたね。さっきと違う。といっても、これも適当につくったダミーグラフですよね？

：うん。さらに人数を増やしてみるわよ。今度は全国の17歳の男子学生を対象にしてみると……。

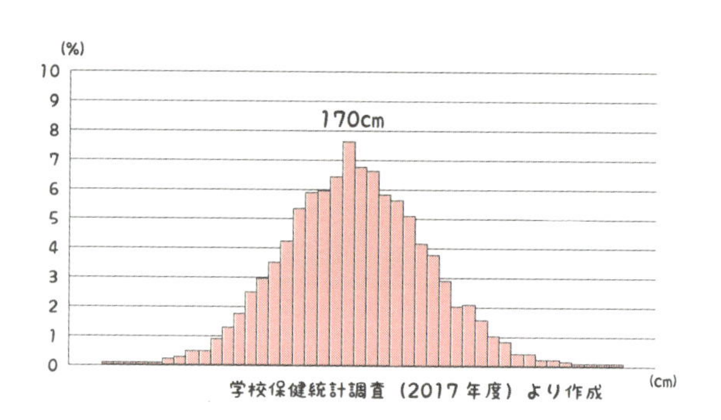

日本全国の17歳男子の身長分布

：なんとなく凛としていて、きれいなグラフですね。これもダミーデータからなんですか？

：ううん、違うわ。この図は、文部科学省の「学校保健統計調査」（2017年4月/2018年発表）の実データをもとに、Excel を使ってグラフ化したもの。全数調査ではないので少し凸凹しているけど、さらにデータ数を増やし、このヒストグラムの幅を0.1cm単位のように狭くしていくと、最終的に次の図のようになめらかになっていくと直感的に理解できるでしょ？　これが「**正規分布曲線**」なのよ。

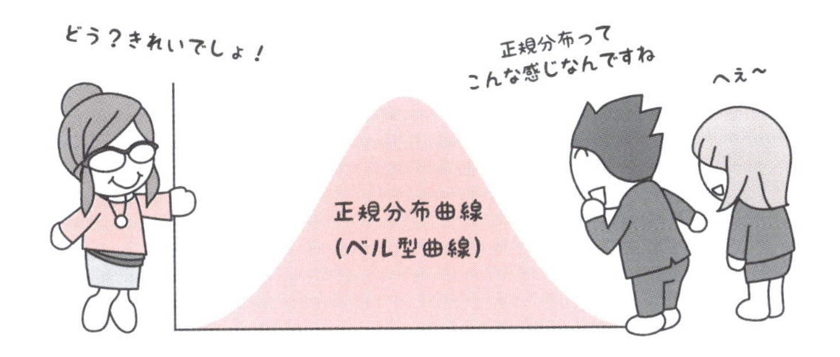

なめらかな「正規分布」に近づいていく

ヒストグラムと棒グラフの違いは何？

ところで、凸凹のある3つのグラフは、いずれも棒と棒の間がくっついています。それはなぜでしょうか？

その理由は簡単で、これらは**「棒グラフ」に似ていますが、ヒストグラムという別のグラフ**だからです。

次の図でいうと、左が棒グラフ、右が**ヒストグラム**（柱状グラフ）です。左のほうは棒と棒の間隔が空いていて、右のグラフはくっついている違いがあります。

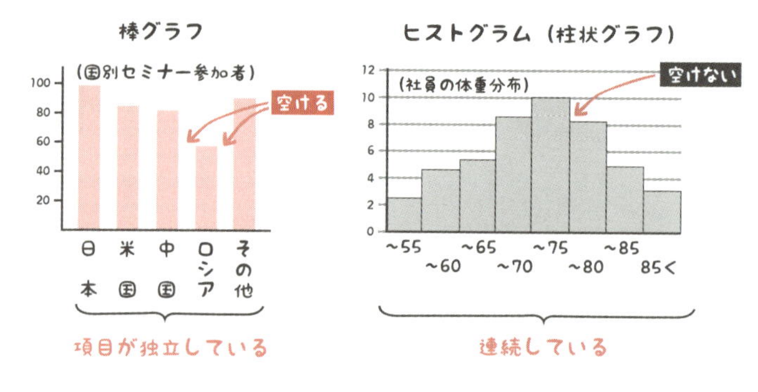

棒グラフとヒストグラム（柱状グラフ）はどう違う？

この違いはどこから来ているのでしょうか？

ヨコ軸の項目名をよく見てください。左のほうは国名です。これは互いに無関係で、独立した項目です。位置を入れ替えてもOKです。

ところが、右のグラフ（社員の体重）は「65kg（以上）～70kg（未満）」のように区間を区切っているもので、本来、これらの数値は連続しているものです。体重だけでなく、身長も同じです。

このように連続する量（**連続量**）を表わす場合は、ヒストグラムを使うほうが向いています。

：そうか、身長は170cmとか171cmのように「1cm単位」で表わすことが多いけど、実際には急に1cmも背が伸びるわけではなく、その間には、170.1cm、170.2cm……という地道な成長があって、やっと171cmになるんですね。

：170.1～170.2cmの間だって、無限に刻めますよ。長さだけでなく、重さ、時間って、無限に刻むことができる量なんですね。考えたこともなかったけど。

：そうすると、連続量の場合には、隣との間を隙間なく埋めたヒストグラムを使うほうが相性がいいかも。

：ヒストグラムって、1g〜2gの間、1ミリ〜2ミリの間、1秒〜2秒の間のように無限に刻める「連続量」だけでなく、1個、2個と数えるりんごのような「**非連続量（離散量）**」の場合でも使えるのよ。

たしかに理沙さんのいうとおりで、「食べたお餅の数」（1個、2個の非連続量）でもヒストグラムが使えます。

ヒストグラムの最大の特徴は、次の点にあります。

❶「データの分布ぐあい」を見るのに適していること
❷棒グラフは高さで大きさを測るが、ヒストグラムは面積で測ること

たとえば、次の2つのヒストグラムは、お正月に食べたおもちの数比べですが、左が1個刻みになっています。それを2個刻みに変えたのが、右のグラフです。そこに含まれる量も変わっていますが、「タテ×ヨコ」の面積で「量」を知ることができます。

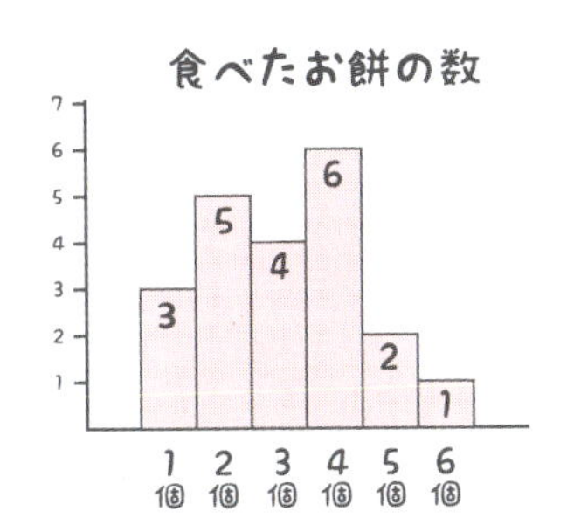

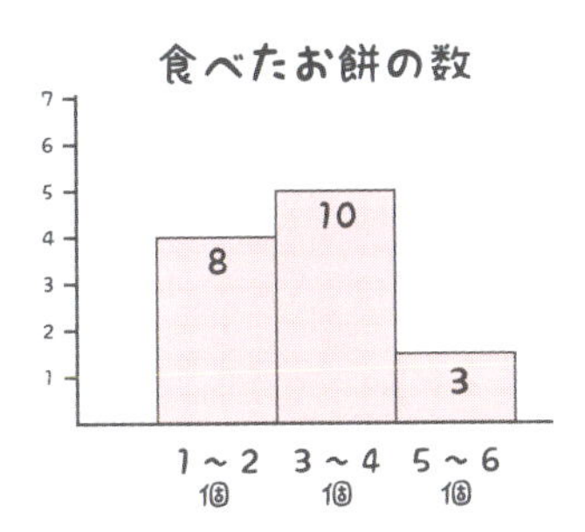

ヒストグラムは「面積」で量がわかる

ホントは間が空いてない！

：データには「連続量と非連続量」という区分だけでなく、さらに「量的データ・質的データ」という分け方もあるのよ。データの型とか。

：××区分とかデータの型とか、めんどうだなぁ。その型とかを知って、何かトクになることってあるんですか？

：トク？　そうね、データの型によっては「平均値を出しても意味がない」とかの話にもなってくるけど、それは別の機会があれば話すことにして、もう1回、「1世帯あたりの貯蓄現在高」のグラフを出してみましょうか。ちなみに、ヒストグラムには幅が違うものが混じっていることもあるわよ。

：そういわれても、400万円～500万円のような世帯の多さはやっぱり「高さ」で見るんじゃないですか？

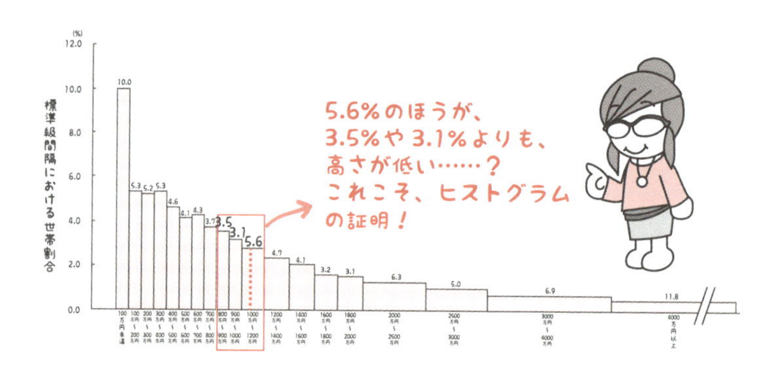

1世帯あたりの貯蓄現在高（再掲）

：そうかな？　先入観をなくし、グラフをよ～く見ること！　高さの違いもあるけど、他にも違いがあるはずよ。ヤマトくん、「長方形の面積」って、どうやって求めたっけ？

：え～と、タテ×ヨコです。この場合、タテはグラフの高さで、ヨコはグラフの幅ですから、高さを比べれば大きさがわかります。このグラフでは、ヨコ幅は皆、どれも同じです！

：え？　ヤマトさん、このグラフって、幅が……少し違うものが混じってるみたいに見えますけど。

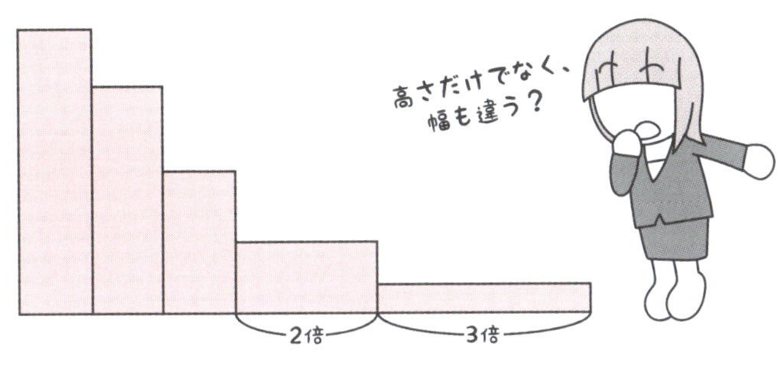

高さも幅も

：あれ、ホントだ。みんな100万円の幅かと思っていたら、途中から200万円幅、さらに500万円幅、1000万円幅もある。気づかなかったです。

以前、このグラフを出したときには、「平均値は代表値なのに、全体の真ん中を必ずしも示さない」ことの事例としてお見せしました。その際は、このグラフの細かな話まではしませんでしたが、「1世帯あたりの貯蓄現在高」は**ヒストグラム**で示されています。このため、その区画にいる世帯の多さは、「高さ」ではなく「面積」で見ないといけない……のです。

たとえば、900万円〜1000万円の層は3.1％で、1000万円〜1200万円の層は5.6％と書かれていました。しかし、高さを見ると、3.1％のほうが5.6％より高くなっています。おかしいですね。なぜ、こんな逆転が起きるのでしょうか？

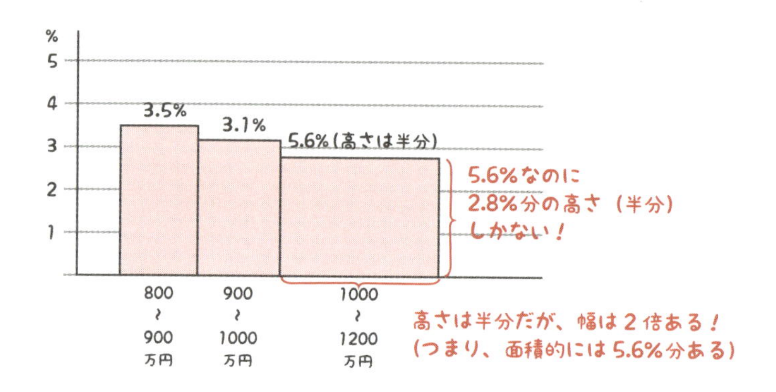

「ヨコ幅×高さ＝面積」がヒストグラムの見方

それは、900万円〜1000万円の層は「100 万円幅」で表わした高さ（3.1％）なのに対し、1000万円〜 1200万円の層は「200 万円幅」になっていますから、高さは半分で表示されます。5.6％の半分、つまり2.8％の高さで表示されているわけです。面積で見れば、3.1％、5.6％になっていることがわかります。

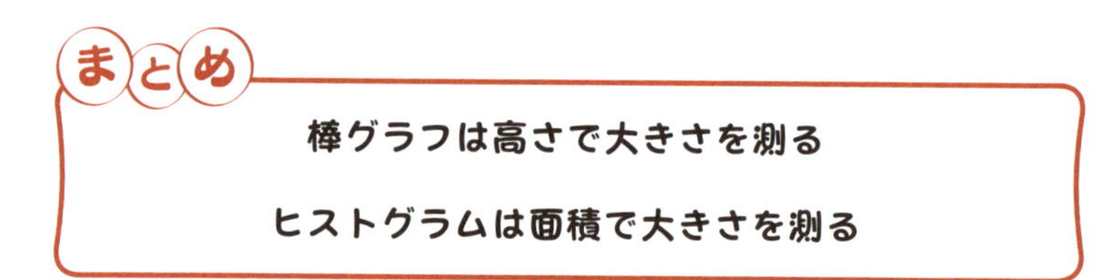

コラム

連続量は他にも、まだまだある？

：長さとか重さは、その間が途切れない「連続量」でしたよね。他にも連続量って、あるんですか？

：うん、「時間」もそう。長さも時間も重さも、その間をいくらでも刻めて無限に連続しているから「**連続量**」よ。

：じゃぁ、連続量ではない数値ってあるんですか？　どんなものですか？

：階段は1段、2段とは呼ぶけど、「階段の1.6段目で転んだ」なんてことはいわないし、「カバンに本を2.3冊入れた」なんてこともいわない。これらはトビトビの量だから、「**非連続量**」とか「**離散量**」と呼んでるのよ。2人とも、何か例を考えてみて。

：駅のホームも1番線、2番線、3番線はあっても、2.7番線って、ないですね。

：そうとも限らないよ、『ハリーポッター』のキングス・クロス駅には、9番線と10番線の間に「9と4分の3番線」って出てきただろ……。

：ふ～ん、ヤマトくん、やるじゃん！（笑）

19世紀のキングス・クロス駅と、9と3/4番線

「平均と標準偏差」で正規分布を描く？

前項の1話で、ヒストグラムから正規分布に変わっていく姿（87～89ページ）を見ました。この正規分布は、これまで話のあった平均値や標準偏差と、いったいどんな関係があるのでしょうか？

その辺を探っていくことにしましょう。

平均値と標準偏差だけで何が決まる？

：理沙センパイ、正規分布って富士山のように、一定の形をしていますよね。もちろん、1つしかないんですよね？

：う～ん、なぜかヤマトくんのように「正規分布は1つしかない」と思い込んでいる人が多いけど、正規分布って、無数にあるのよ。

：え、ウソ！　正規分布って1つじゃないんですか？　えぇ～、パターンを覚えるのにたいへんそう。

：覚えなくていいよ。無数にあるといっても、**「平均値と標準偏差」だけで、正規分布の形が「1つに決まる」**んだから。

：平均値と標準偏差だけで決まる？　たとえば、どうなるんですか？

：正規分布の実例を見せておいたほうがいいわね。次のグラフは、男子17歳の身長グラフ。文部科学省の「学校保健

統計調査」に1cm刻みでのデータが出ていたもの。忘れたかもしれないから、「A」として再掲しておくわよ。

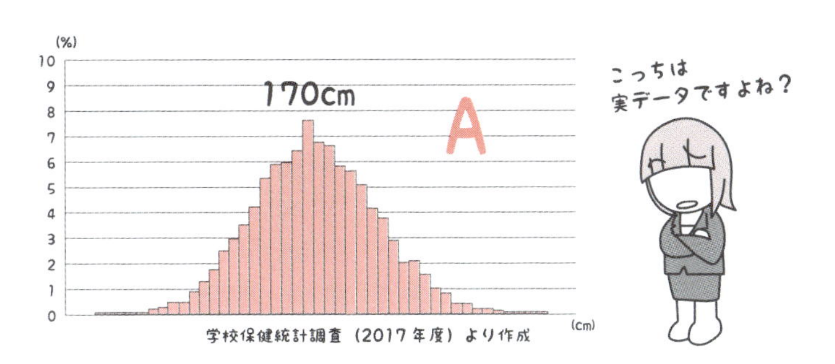

正規分布のグラフ（88ページの下図を再掲）

：つまり、実際の身長をもとにグラフをつくったということですね。たしかに、ほぼ正規分布っぽいです。

：この調査を見ると、身長の1cm刻みのデータとは別に、「平均値、標準偏差」のデータも添えられていたの。それをもとに、私がつくったグラフが次の図「B」。

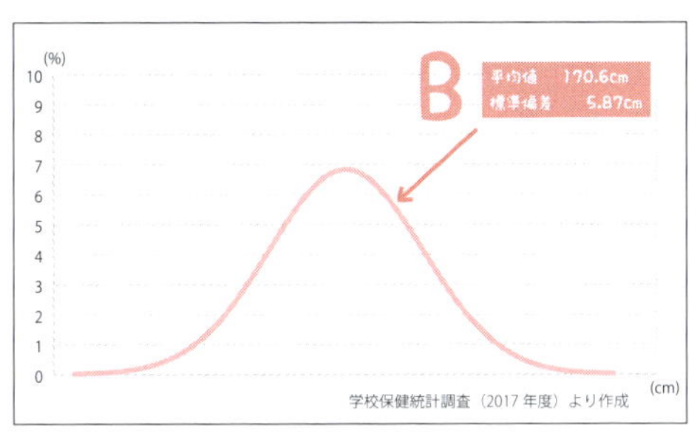

「平均値・標準偏差」からつくったグラフ

そして、この2つのグラフを重ねてみたのが次のグラフよ。

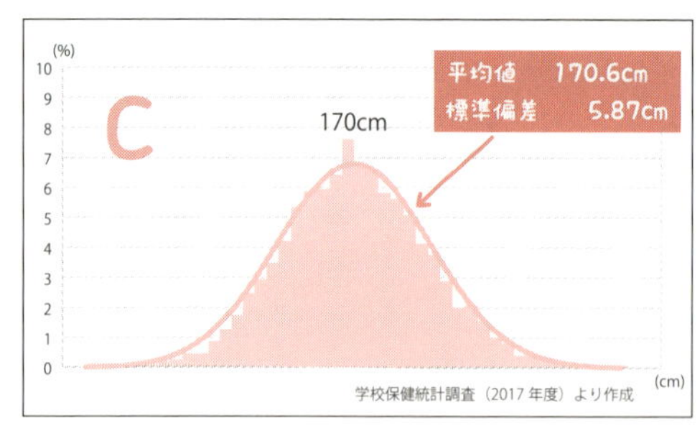

前ページの２つの図を合わせてみると……

：おぉ、いちばん高い170cmのところがちょっとハミ出てますけど、それ以外はみごとに重なってますね。

理屈からいうと、2つのグラフが重なるのは当然かもしれませんが、実際に「平均値、標準偏差」の2つのデータを使えば、元の正規分布をつくれることを目で確認して「ナットク！」することも重要です。

ところで、身長は正規分布になり、正規分布は左右にバランスの取れた分布になるというわけですが、それを前提とすると、思わぬことを見抜くこともできます。

それを次に見てみましょう。

まとめ

正規分布しているケースであれば

詳細な実データがなくても

「平均値＋標準偏差」で分布を描くことができる！

ケトレーの慧眼（けいがん）、ナイチンゲールのアイデア

不自然にいびつなグラフ

「身長は正規分布する」ということであれば、正規分布しない身長のグラフがあったら、そこから何がわかるでしょうか。

次のグラフは、統計学の父と呼ばれるベルギーのアドルフ・ケトレー（1796～1874）が、フランス軍の徴兵検査データから推定した、当時のフランスの若者の身長分布です。

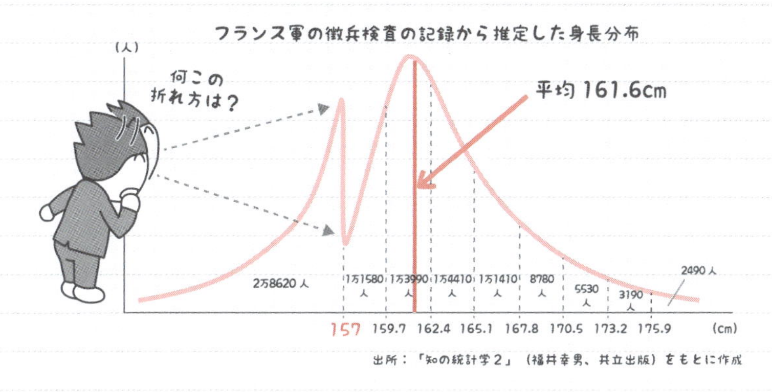

出所：「知の統計学２」（福井幸男、共立出版）をもとに作成

正規分布のグラフから「ウソ」を見抜く

これをひと目見れば、いびつで不自然な分布だと気づきます。身長で157cm付近の地点で、異様な増減が見られるからです。

当時、フランスでは身長が157cm以上の若者を徴兵していました。このため、ケトレーは「多くの若者が虚偽の申告をした」と考えたわけです。もちろん、この申告だけでは誰が「ウソ」をついたかの個人までは判別できません。けれども、データ全体を見ると、ウソの申告をし徴兵を逃れようとした兵士たちがたくさんいたという事実は、一目瞭然です。

ケトレーは「統計学の父」と呼ばれる人です。スコットランド兵士の胸囲が40インチ（約100cm）を中心に正規分布を描くことに気づいたり、正規分布の中心に位置する平均的測定値を示す人のことを、「**平均人**」と呼んだりしました。

ケトレーの残したBMI指数

：いまも、ケトレーの影響が残っているのを知ってる？　健康診断のときにメタボの判定がされてるけど、そのときに使う「BMI 指数」を開発したのは、このケトレーよ。

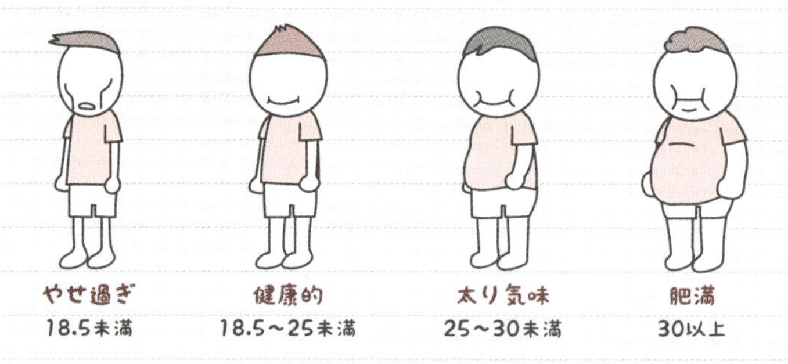

健康度を測るBMI 指数もケトレーの考案

：「体重kg ÷（身長m×身長m)」の肥満指数のことですか？理想的には、22のときに最も病気になりにくいとか、25

以上だと太り気味だとか……。

：ボクは体重が65kgで身長170cmなので、身長のcmをmに換算して「65÷（1.7×1.7）＝22.49」。こんな指数も、ケトレーが考え出したんだ。

：まあ、絶対的なものではなく、あくまで目安だけどね。クリミア戦争で有名になったフローレンス・ナイチンゲール（英：1820～1910）はケトレーに傾倒し、数学や統計学を幼い頃から学んだの。そして、クリミア戦争で亡くなったイギリス兵士の多くが、戦場の実弾で亡くなった以上に、不衛生な野戦病院の感染症で命を多く落としたことを明らかにして、その改善を国会議員に突きつけたのよ。

：どこの議員さんも、そういうデータを読むのって得意ではなさそうですけど……。

：そこで考えたのが、「鶏のトサカ」と呼ばれている次のグラフよ。

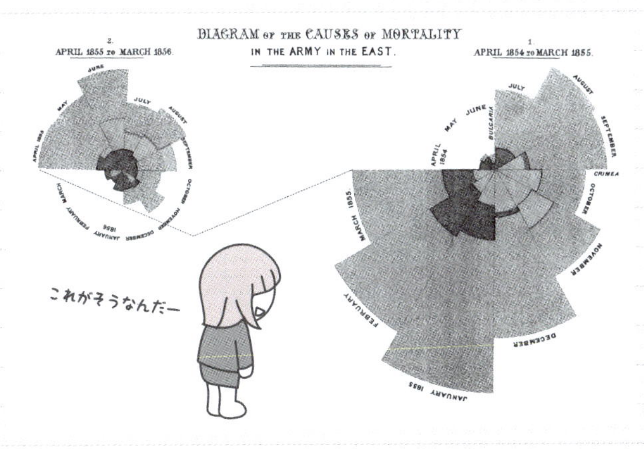

ナイチンゲールの鶏のトサカグラフ

：私、このグラフなら見たことがあります。どう見ればいいんですか？

：中心からの長さが死亡人員（戦場で亡くなった、感染症で亡くなった等）の多さを表わしていて、30度ずつで1ヵ月をぐるっと回している。だから、12ヵ月でちょうど1周するわけ。円グラフというより、私は「棒グラフを時系列に並べたもの」と見たほうがよいと思うし、面積化しているので多少の誇張もあるけれど、議員さんの説得には役だったみたいね。

：へぇ、たった1枚のグラフから、当時のフランスの若者のウソを見抜いたり、徴兵拒否の心理があったこともわかるんですね～。しかも、ナイチンゲールのように国の政策にまで影響を与えることもあるとは驚きです！　統計学って、スゴイな～。

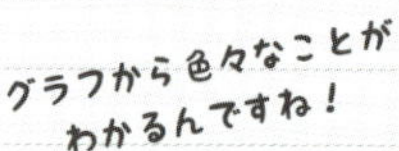

グラフ１枚で「ウソ」を見抜くことも、

議員さんを説得することもできる

3話 平均値と標準偏差で何が決まるって？

理沙さんは、2話で「**正規分布は無数にある**」といっていました。つまり、「平均値、標準偏差」の値を変えたら、さまざまな正規分布がつくれるということです。

その様子を見るために、先ほどと同じ「学校保健統計調査」を使います。今度は、12歳と17歳の男子の身長比較です。

▼身長の平均値・標準偏差

	平均値	標準偏差
12歳の男子身長データ	152.8cm	8.00cm
17歳の男子身長データ	170.6cm	5.87cm

この12歳、17歳の平均値、標準偏差のデータから、それぞれ正規分布のグラフをつくってみたのが次の図です。

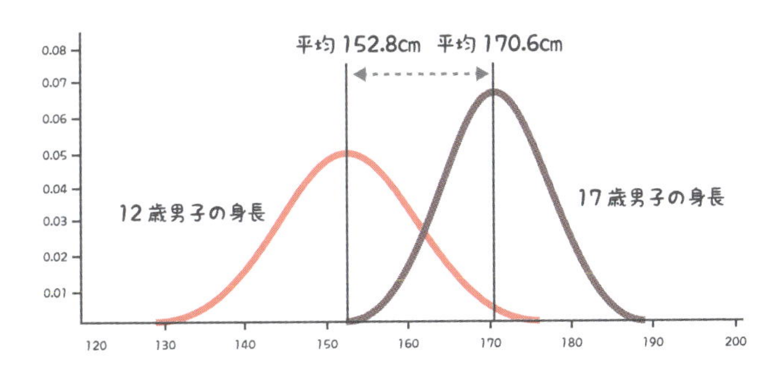

12歳と17歳の男子の身長分布

平均値が違うと正規分布はどう動く？

：あ、たしかに左右対称の山型の正規分布になっているけど、なんかグラフの位置が違いますね。

：たしかにそうだけど、どうしてかな？

左右のズレはなぜ生まれた？

：えっ、どうしてかなって「平均値が違うから」じゃないですか？　12歳のほうは17歳よりも全体的に身長が低くなるから、グラフ全体が左に寄っているということです！

：正解ね。ということは、次のグラフのように、

- 平均値が大きくなると……分布図は「右」のほうへ動く
- 平均値が小さくなると……分布図は「左」のほうへ動く

といっていい、ということになるよね。

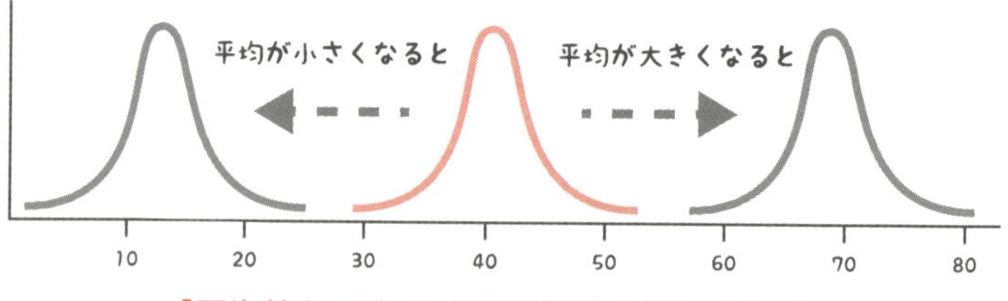

「平均値」の大きさで正規分布が左右に動く

標準偏差の違いでどう変わる？

：でも、さっきの2つのグラフって、その違いだけかな？他にも違いが見つかると思うんだけど、桃子ちゃんはどう？

：印象ですが、2つのカーブを見ていると、ちょっと「なだらかさ」が違うように見えます。グラフが同じ位置にないので、はっきりしませんけど。

：同じ位置にない？　じゃぁ、2つの正規分布の曲線の違いがよく見えるように、平均値の位置を揃えてみようか。

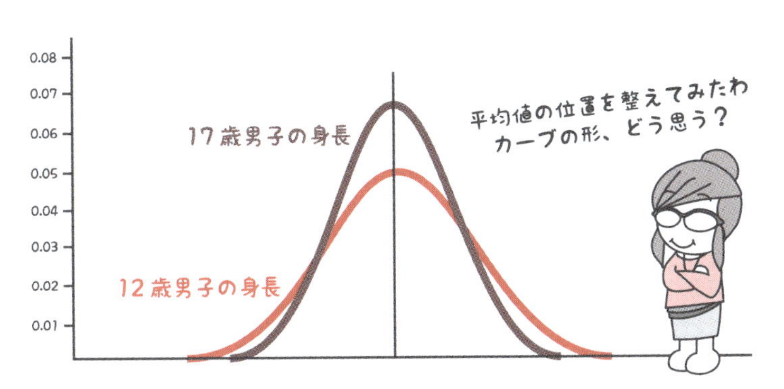

「標準偏差」の違いから何がわかる？

：あ、これではっきりしました。やっぱり、12歳のほうがずっと「なだらかなカーブ」を描いていますね。

：正規分布のカーブが「なだらか」になるとか、「尖ってる」とかの違いって、どこから来てるんだと思う？　さっきは「位置は平均値で決まる。平均値が大きいと右に動き、小さいと左に動く」とわかったよね。じゃあ、残ってるのは何？

：「標準偏差」ですか……。あ、そういうことだったんですね。データのバラツキは「標準偏差」で表わせて、12歳のほうは標準偏差が8.00cm、17歳のほうは5.87cmだから、12歳のほうが標準偏差がずっと大きい！

：標準偏差が大きいということは、どういうことだと思う？

：「標準偏差が大きい」ということは、「データのバラツキが大きい」ということです。そして、データのバラツキが大きいということは……、あ、そうか。データの分布範囲が広がること。だから、「なだらかな正規分布」のグラフになります。そして、分布がヨコに広がった分、高さは低くなったと考えればいいですね。

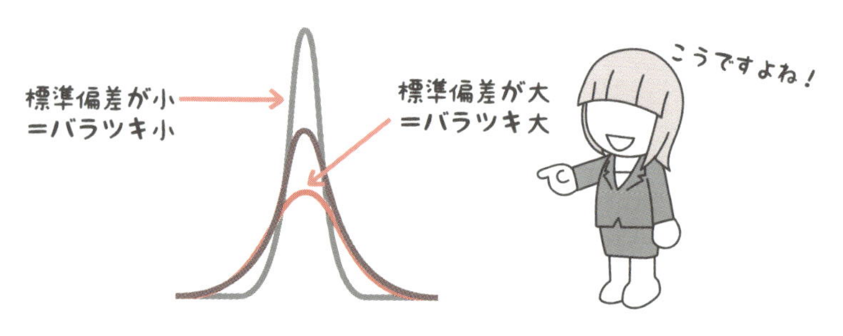

「標準偏差」の違いでトンガリ度が変わる

平均値の大小………正規分布は左右に動く

標準偏差の大小……正規分布のなだらかさが変わる

統計学で出てくる68%、95%って？

平均値と標準偏差で、正規分布の位置、形が変わることがわかりました。逆に、平均値と標準偏差がどんな値であっても、「正規分布には変わらないことがある」のです。

それは何でしょうか？

枠内に入るデータ量（率）はどんな正規分布でも同じ？

次のグラフは12歳、17歳の男子の「平均値」、そして「平均値からの標準偏差の距離（平均値±**標準偏差**）」を表わしています。

具体的には、次の通りです。

12歳：144.8cm ≦ 152.8cm ≦ 160.8cm

17歳：164.73cm ≦ 170.6cm ≦ 176.47cm

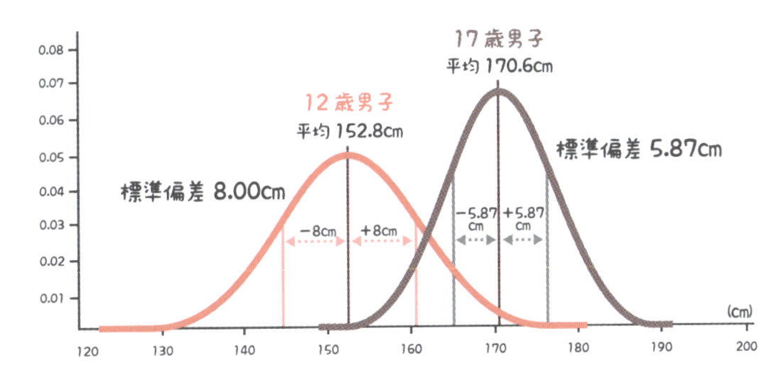

平均値±標準偏差って、何を意味する？

12歳のほうは±8cmの範囲（つまり、16cmの範囲）、17歳のほうは±5.87cmの範囲（つまり、11.74cmの範囲）です。

実は、このように異なる範囲にもかかわらず、それぞれの全データの約68%がこの範囲に入るのです。どんなに正規分布の形が違っても……です。驚きです。

：理沙センパイ、「驚きです」って、何が驚きなんですか？

：**平均値から「標準偏差」の長さ（12歳なら8㎝）だけプラスの方向、マイナスの方向に離れた範囲**……の話をしているのよ。標準偏差はそれぞれのデータによって違うけど、常に平均値から±1倍の標準偏差の範囲内で考えると、全体のデータ量の約68%が入っているということね。

：やっと私も、その「平均値±1倍の標準偏差」という意味がわかりました！　ピンと来てなかったのですが、図にすると、こんな感じですね。

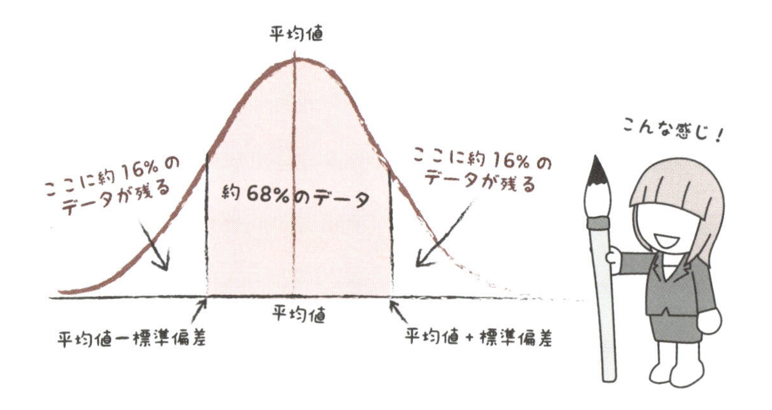

桃子さんの手書きイメージ

ようやく、ヤマトくん、桃子さんにも「平均値±標準偏差」のイメージが伝わったようです。なお、平均値から±1倍、±2倍、±3倍の標準偏差の範囲でも、その標準偏差の大小に関係なく、そこに入ってくるデータの割合が決まっています。

①平均値－1×標準偏差 ≦ 68.3% ≦平均値＋1×標準偏差
②平均値－2×標準偏差 ≦ 95.5% ≦平均値＋2×標準偏差
③平均値－3×標準偏差 ≦ 99.7% ≦平均値＋3×標準偏差

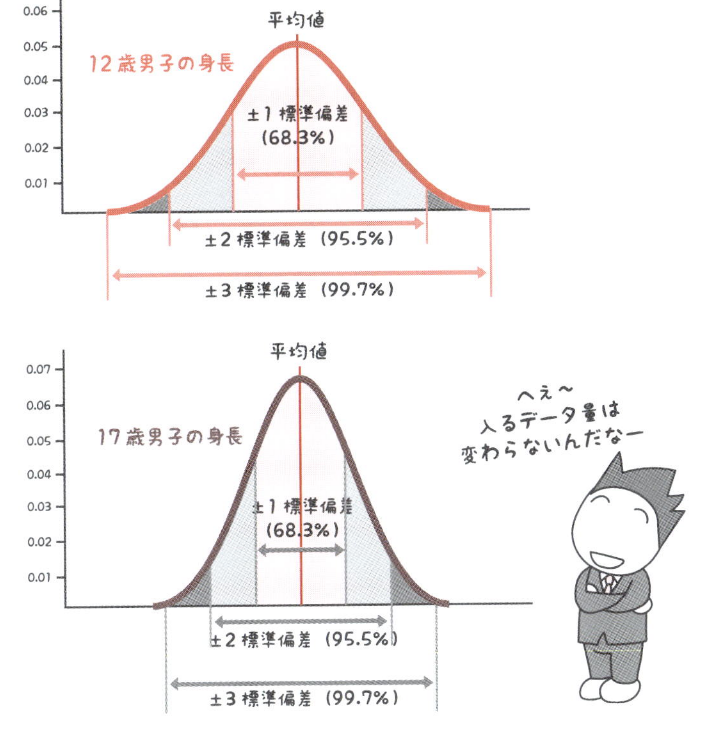

±1、±2標準偏差……の中に入るデータ量は？

：ここでとくに大切なのは、前ページの②と③よ。約95％、約99％の2つが統計学でよく使われるものよ。いずれにせよ、**「平均値から標準偏差までの範囲」に一定のデータが集まる**、ということがピンとくるようになれば、2人もかなりのモンよ。よく頑張ったね。

：はい、なんとか！　ただ、こんなにいっぱい「これも正規分布、あれも正規分布です」といわれると、かえってワケがわかりませんけどね。

「平均値～±２倍の標準偏差の範囲」に

データの約95%が入る

スタンダードな正規分布？

「標準正規分布」はスタンダードな正規分布

実は、4話の最後につぶやいたヤマトくんの言葉にも一理あります。というのも、毎回、正規分布について「その平均値と標準偏差はいくつ？」と聞かないといけないとなると、とてもめんどくさい話です。

だから、何かひとつ「スタンダードな正規分布」というのがあると便利なのですが、それが「**標準正規分布**」なのです。

標準正規分布は、「平均値＝0、標準偏差＝1」としたものです。

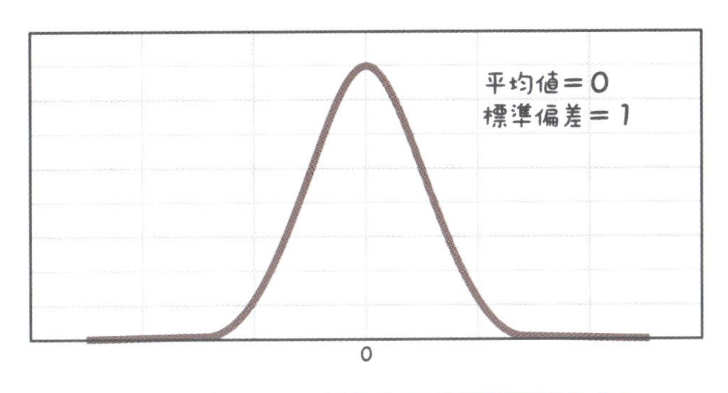

スタンダードな正規分布が「標準正規分布」

：ヤマトくん、このきれいな標準正規分布を見て、何かを思い出さない？

：はい、あまり思い出したくはないですけど、偏差値のグラフですね。

：偏差値って、「標準正規分布」の形を少し変えたものだから似ていて当然。偏差値はこんな式だったわね。

$$偏差値 = \frac{(得点 - 平均点)}{標準偏差} \times 10 + 50$$

：理沙センパイ、よくこんな式まで覚えてますね。ボクなんか、全然覚えてませんよ。

：式そのものを暗記してなくても、おおよその意味で覚えてるから、いつでも思い出せるのよ。

：でもどうして、そんな形にするんですか？　得点のままでいいじゃないですか。

：ヤマトさん、それは出題の難易度によって、全体の得点分布が低くなったり高くなったりするのを「ならす」意味があるんじゃないですか？　私が高１のとき、１学期の地学で90点を取って「やった〜！」と思ったんですけど、平均点は90.9点だったんですよ。これ、ホントの話です。つまり、90点とか100点かしかいなかった……。

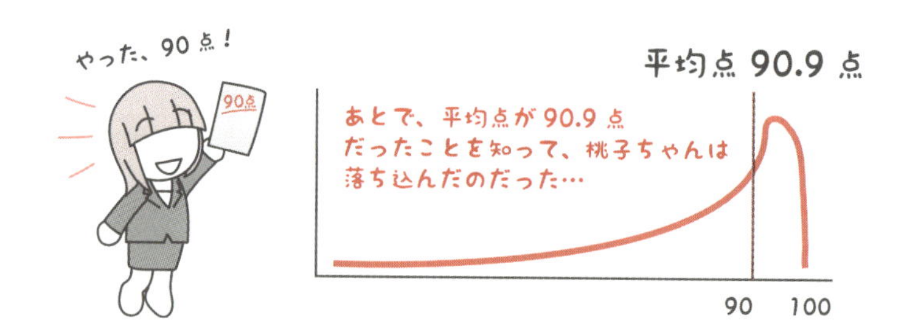

テストの点数だけでは「全体の位置」がわからない！

：実際に取った得点は難易度によってかなり違ってくるけど、偏差値でならせば平均よりどのくらい上回ったか、下回ったかがわかるからね。受験者にとってはメリットでしょ。

理沙さんが説明したように、試験というと100点満点のイメージが強いため、偏差値では「真ん中の人＝50点」としています。それが先ほどの式の最後にオマケでついている「＋50」。簡単にまとめると、次のようになります。

①（得点－平均点）を計算、その後、標準偏差で割る
②10倍する
③50点を加える

こうすることで、偏差値で40〜60の間に約68.3％の人が入ってくることになり、偏差値30〜70の間には「2倍の標準偏差」と考えると、約95.5％の人が入ってくることになります。

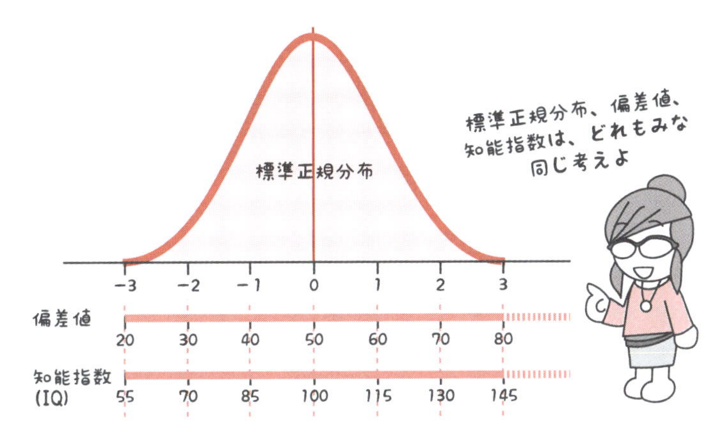

標準正規分布、偏差値、知能指数は同じ考え方？

ちなみに、偏差値だけでなく知能指数（IQ）も同様で、前ページの図のような関係があります。

偏差値から「順位」がわかるって？

：さて、桃子ちゃんがいったように、90点をとっても平均点に達しないレアケースもあるけど、偏差値だったらいつも50を基準にできるわよね。だから、偏差値を利用すると「全体の位置がわかる」ということ。たとえば、あるテストの受験者が1万人いて、偏差値が60だった人は、上から何番目くらいだと思う？

：え？　そんな計算ができるんですか？　40～60の間に68.3％の人が入るってのはわかるけど。

：ヤマトさん、こういうことじゃないですか？　全体の68.3％がこの中央部分で、その両端に「100－68.3＝31.7％」の人がいる計算ですね。すると、右のスペースに

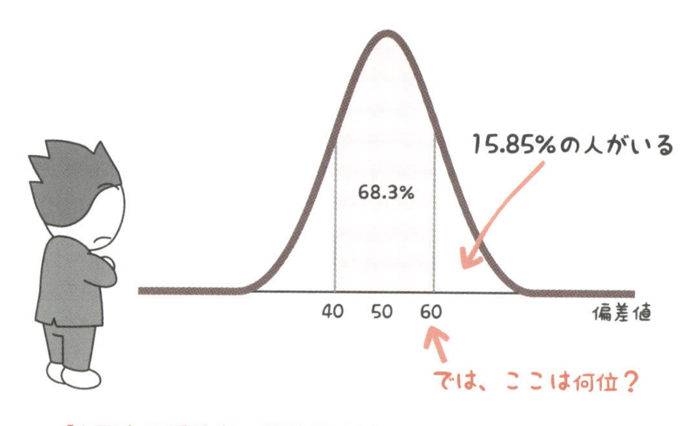

「1万人の受験者で偏差値60」なら、上から何番目？

はその半分の15.85％の人がいるはず。1万人の受験者のうち、15.85％が上にいるのだから、10,000×0.1585＝1585番くらいの成績かな～と。

：そのとおり！　じゃぁもう1つ聞くけど、上位80人しか合格しないテストがあるとして、今回は500人が受験し、Aさんはその中で偏差値60だったとする。さて、Aさんは合格すると思う？

：500×0.1585＝79.25番ですね。80人が合格するということは、スレスレのラインです。偏差値60って、500人の中の80番目くらいの好成績なんですね。あらためて偏差値60がどのくらいすごい成績なのかを、今頃になって実感しました！

まとめ

スタンダードな正規分布が「標準正規分布」で

平均値＝０、標準偏差＝１のときのこと。

これをアレンジしたのが「偏差値」だ！

コラム

超絶「正規分布の式」からわかること

なぜ、正規分布は「平均値と標準偏差の２つで決まる」のか？

この点については「決まる！」としかいってきませんでしたが、なぜ、そういい切れるのでしょうか？　その秘密は、実は「式」を見ることです。

私たちは、中学や高校では「$y=x$」とか「$y=x^2$」といった式があり、それをグラフにしてきました。それと同様に、正規分布にだって、それを表わす「式」があるはずです。

実際、その通りで、それが次の中に書かれた式です。

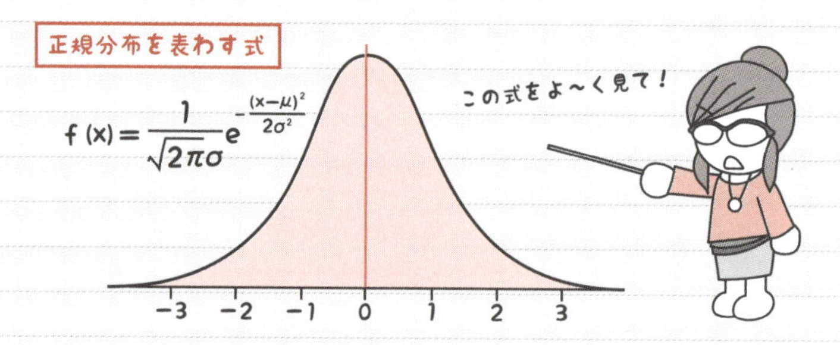

正規分布の式はスゴいよ！

おっと、なんとも難解な式です。なぜこんな式になるかより、この式をよくよく見ていくと、「あること」に気づきます。

πは円周率3.14……のことです。定数です。eは自然対数の底で2.7182……です。これも定数です。そして、xに−1や0、1や2を入力すると、それに対応して答え、つまり$f(x)$が出てきます。

さて、この式であと残っているのは何でしょうか？

そうです、「σ」と「μ」という記号の2つだけですから、正規分布の式は「σとμだけで決まる」のです。

：残っている記号は「σ、μ」の2つですけど、この記号の読み方が全然わかりません……。

：たしか、σは小文字の「シグマ」で、μは小文字の「ミュー」というギリシャ文字だったと思います。前にちょっとやったΣ（大文字のシグマ）は、「総和」という意味でした。

：うん、そうだったわね。今度のσ（シグマ）は、標準偏差のこと。そして、μ（ミュー）は平均値のことよ。

$$f(x)=\frac{1}{\sqrt{2\pi}\sigma}e^{-\frac{(x-\mu)^2}{2\sigma^2}}$$

μ＝平均値
σ＝標準偏差

：ということは、σ^2は（標準偏差）^{2}だから「分散」を表わすということですか。まあ、標準偏差も分散も大差なかったけど。

：標準偏差（σ）、平均値（μ）だけがこの式で残ったということは、それで何がいえると思う？

：あれれ？　もしかして、理沙さんはいつも「**平均値と標準偏差の2つで正規分布の形が決まる！**」って繰り返しいってましたけど、そのことですか？

：いいカンしているわね。その通り！　この恐ろしく難解な正規分布の式は、πもeも定数だから、結局、残りの「σとμの値によって、$f(x)$は決まる」ということ。この式を覚える必要はないけど、「平均値と標準偏差の2つで正規分布の形が決まる！」ってことが、この式からわかるということをいいたかったのよ。

ふだんは見たくもない「式」ですが、式を眺めていると、このように一瞬にして意味がわかることもあります。長々とした100行の説明より明確で、式ってこんなときに役立つんですね。

なお、前ページの式は次のように書くこともあります。

$$f(x)=\frac{1}{\sqrt{2\pi}\sigma}\exp\left(-\frac{(x-\mu)^2}{2\sigma^2}\right)$$

この2つの式を比較してみると、推測がつくはずです。

$$f(x)=\frac{1}{\sqrt{2\pi}\sigma}e^{-\frac{(x-\mu)^2}{2\sigma^2}} \quad \cdots\cdots(1)$$

同じこと！

$$f(x)=\frac{1}{\sqrt{2\pi}\sigma}\exp\left(-\frac{(x-\mu)^2}{2\sigma^2}\right) \quad \cdots\cdots(2)$$

(1)の式は、eの後に累乗で表示してあり、その累乗部分がさらに分数になっていて、そこに2乗もあります。どんどん文字が小さくなっていって、とても読みにくい……（ここでは大きめに書いてありますが）。

そこで、(2)のように「exp」という新しい記号を考え出して、『expとは「eのこと」で、expの後のカッコの中は「累乗の意味」だ』と決めてあります。

expは世界共通の記号です。

おかげで、累乗の文字がずっと大きくなって、見やすいですね。

第4章

サンプルこそ、統計学の命です！

～「イチを聞いて百を推定する」にはどうする？～

池の中の魚の数を調べるとしたら、サンプルを取って全体の数を推測しようとするでしょう。でも、サンプルの取り方は案外むずかしい……。
どうしたら、全体の縮小となるようなサンプルを取れるのか、統計学の成否はここにかかっています。あなたも一緒になって、知恵を働かせてみてください。

サンプル抽出は意外にむずかしい？

「統計学」は、大まかにいうと「記述統計学」と「推測統計学」に分かれます、と32ページで述べました。

記述統計学は、学校のクラスとか1つの会社など、その中での状況を知りたくて、しかも**「全員」を調査できるようなケース**に使われるものです。その集団全体の統計的特徴を「グラフや表、平均値の算出」などで"記述"することを目的としています。

全員を調査できればいいけれど

たとえば、従業員が30人いる会社で、組合が従業員からボーナスのアンケートを取るようなときです。30人ぐらいなら、全員の

組合要求額　35万円也

参考データ

平均値	最大値	50万円	最小値	25万円
34万2736円	中央値	33万円	最頻値	30万円

平均値はたいてい端数が出る、最頻値はキリがいい

希望額を漏れなくアンケートを取れるでしょう。

これは全データに基づいた数値です。このように、すべてのデータを集めることができ、それをもとにわかりやすく数表・グラフなどを記述し、分析しようというのが「記述統計学」です。記述統計学は全数調査（「悉皆調査（しっかいちょうさ）」ともいう）を前提にしています。

イチのサンプルから全体を推測する

ただし、全数調査はいつでも手軽にできるわけではありません。1つのクラスや会社単位であれば可能としても、国単位、県単位になると、すべてのデータを取るのがむずかしくなります。

たとえば、現政権に対する意識調査（支持する・しない）、タバコを1日に何本くらい吸っているかという健康調査、1ヶ月のビジネスパーソンのお小遣い調査、20歳の身長や体重を知りたい、あるいはイヌ派・ネコ派のペット調査など、政治問題から趣味・嗜好に至るまで、知りたいことはいろいろとあります。

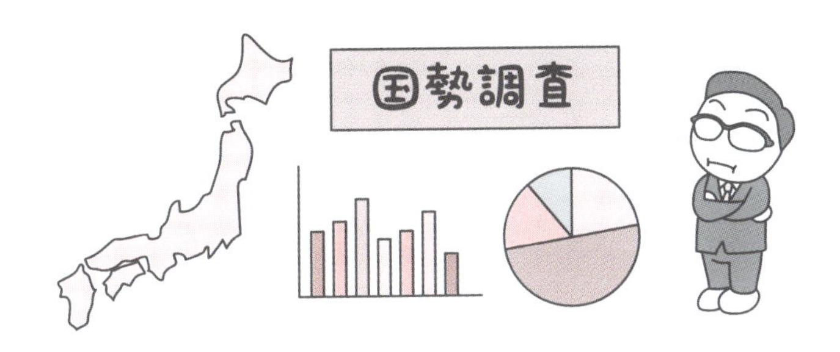

全数調査は容易には実施できない

そのつど、タイムリーに全国民や県民単位で調べるのは、容易ではありません。お金もかかるし、時間もかかります。

国勢調査は代表的な全数調査の1つですが、それも5年に1度のことで、調査費用だけで700億円ほどかかります。しかも、地域の自治会の協力などを得ながら調査しているわけで、そんなお金も、時間も、人員も、普通は使うことができません。

では、全数調査ができない場合はどうすればいいのか？

サンプリングは「元の集団と同じ層」で

「全数調査」がむずかしいときに使われるのが、「**サンプル調査（サンプリング）**」です。もとの大きな集団（**母集団**といいます）をすべて調べるのではなく、その**一部を調べて全体を推測する**。これは「一を聞いて十を知る」どころか「万を知る」くらいで、非常に小さなサンプルで「大きな全体の姿を推し量ろう」という考えです。

全数調査を前提とした統計学が「記述統計学」だと述べましたが、サンプル調査では「一を聞いて万を知る」ために、「全体を推し量

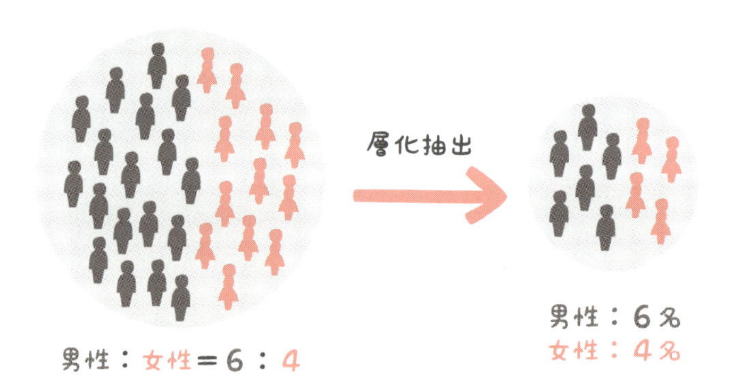

サンプル抽出は「全体の層」と同じ形で

る科学的な手法」が求められます。

そして、このために使われる統計学こそが、「**推測統計学**」なのです。

現在、統計学といえばこの推測統計学を指すことが多くなっています。それだけに、まず「サンプルをどう取るか」が重要なテーマとなります。

というのは、もし少ないサンプルが「全体の縮小形」になっていなければ（母集団とかけ離れたサンプルの場合）、大きな間違いを導く危険性が出てくるからです。

まとめ

統計学には「記述統計学」と「推測統計学」がある

記述統計学は「全数調査」がキホン

推測統計学ではサンプル抽出をする

サンプルは「全体の縮小形」で抽出する

味噌汁の味見こそサンプリング！

サンプリング調査のポイントは「全体の縮小形」を抽出することといいましたが、これが案外むずかしい。でも、あなたの身近なところにサンプリングの達人が存在しています。

味見のキホンは何？

：一部のサンプルから全体を知るというとき、いちばんの問題は、「**全体を縮小したサンプルを取っているか**」という点。そういえば、今朝、二人はお味噌汁を食べてきた？　あれはまさに、統計学の「サンプリング」の代表みたいなものよ。

：お味噌汁がサンプリングの代表なんですか？　毎日、おふくろがつくってくれますが。

：お味噌汁とかカレーとかをお母さんがつくるとき、味見をするでしょ？　今日のお味噌汁は濃くないか、塩加減はどうか、とか。

うん、いいぐあいね、これでヨシ！

：そうですね。家庭の味ということもあるし！

：といっても、お味噌汁をすべて飲み干したら、家族が食べるものがなくなってしまうよね。だから、**お玉にすくって少しだけ味見をして、「全体を推し量る」**わけ。お母さんがいつも料理のときにやってる味見、あれこそがサンプリングの代表なのよ。

：昔であれば、お殿様に食事を献上する前の「毒見」みたいなものですか？　毒見と称して「うまい、うまい、いつもお殿様は、こんなうまいものを食べているのか」と毒見役が全部食べてしまったら、お殿様が食べる分がなくなってしまいますから。

殿、もう少し毒見をいたします……（コリャ！　オマエ！）

：質問です！　お味噌汁で味見をするという話でしたが、もし、お味噌が固まっている場所があったらどうなるんですか？

：だから、よ～く混ぜて「一様にする」こと。これがサンプリングのポイントよ。味見をしたとき、それが全体を反映したものでないと、「薄いかな？」とか勘違いしてしまってお味噌を足したりする。すると、「お母さん、しょっぱ

いよ」となってしまうよね。「一部＝全体」になるように工夫して、うまく混ぜ合わせたうえで味見をしないといけないのよ。

よくかき混ぜないと、「一部＝全体」にはならない

：よくかき混ぜる！　あちこちの部分から掬って、味見をする！　お玉の極意ですね。

：そう、しっかりシャッフルする。そして、**特定の場所から選んだりせず、アットランダムにお玉で掬って味見をする。**それが大事なことなのよ。

アンケートを取るときにはどうする？

サンプリングのコツは「よく混ぜること」です。それによって、**偏らないで全体から抽出でき、「一部＝全体」を保証する**からです。

けれども、実際にはどうすれば、うまくサンプリングできるのでしょうか？

お味噌汁の味見ならわかりますが、誰かにアンケートを取るとき、「人をかき混ぜる」って、どういうことでしょう？

：朝のテレビで「8時前に、テレビ局の前を歩いていた100人に聞きました！　あなたはイヌ派？　ネコ派？」というのをやっていたんですよ。おもしろかったなぁ。結果は、イヌ派が57人、ネコ派が43人だったんですけどね。ボクは絶対に、ネコのほうが好きだな～。

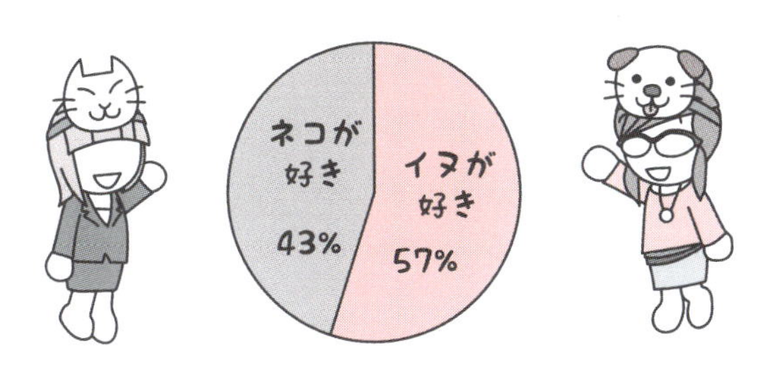

この調査って、サンプリングがしっかりしてる？

：私もネコ派です！

：そうだよね～。ネコ派のほうが最近は多くなっていると思うんだけど、テレビのアンケート結果は、逆だった。

：そもそも、この100人って、サンプリングとしてどうなんでしょうか？　そこがわからないんですが。

：それは問題ないと思うけど。聞いた人だって、特定のサラリーマンを選んだりせず、アットランダムに聞いたんだと思うし。テレビ局なんだから、ちゃんとしてるでしょ。

：そう思う？　この場合は東京の都心、しかも「テレビ局の前を歩いていた」と、きわめて限定された対象でしょ。それに「朝8時前」という時間帯。つまり、ほとんどの人は出勤途上のビジネスパーソンか学生。しかも、忙しい時間帯に答えてくれる余裕のある人ってことになるわね。

お味噌汁の味見でいうと、お味噌が十分に融けてなくて、いわば「濃い部分だけ」を味見したって感じ。

この場所、この時間帯だと、忙しい人は答えない……

お味噌汁の味見がサンプリングのポイントを表わしています。どこかでミソが固まっていては、味見を失敗しますよね。

全体をしっかり混ぜて、全体を縮小した形でサンプルを取ってくる。

これが統計学を支えるサンプリングのすべてなのです。

まとめ

サンプリングは味見と同じ

最初の「サンプル選び」で

データ集めの成否が決まってしまう！

3話 なぜ、世紀の番狂わせは起きたのか？

サンプリングの重要性は、理屈ではわかっていても、いざ実施しようとするとなかなかうまくいきません。企業なら市場の声を聞いて、新しい製品を考え、投入する。大統領選挙があれば、調査会社は有権者に聞いて「どちらが勝つ！」と予想する。ハズすことがあれば、その会社は生き残りがむずかしくなります。

：アメリカの大統領選挙の予想なら、共和党か民主党だと思えばいいから、全国民に「どっちに投票するか？」と聞けば万全なんですがね。

：さすがに、全国民に聞くことはむずかしいでしょ。それに、10歳の子供は有権者じゃないんだから。

アメリカの大統領選挙の予想は当たったか？

：有権者のうち誰に聞くのか、どのくらい多くの人に聞けるかがポイントですね。

：当然、サンプルといっても、多いほうが絶対にいいからなぁ。

：たしかに同じ方法なら、サンプル数が多いほうが確度が高くなるけど、**まず「誰に、どう聞くか」のほうが問題よ。**ただ、大統領選挙の場合、「どう聞くか」はある程度決まっているから、ここでは「誰に」が重要ね。ちょっと古いんだけど、1936年の大統領選挙の話が興味深いわよ。

食い違った２つの大統領選挙予想

1936年のアメリカの大統領選挙。民主党はフランクリン・ルーズベルト（現職大統領）、共和党はアルフレッド・ランドン。当時は、1929年に世界恐慌が勃発し、現職のルーズベルトは大恐慌への力不足が指摘されていて、不利と見られていました。

その頃、世論調査で定評のあった「リテラリー・ダイジェスト誌」は、ランドン候補が有利（57%）と発表。そのサンプル数は、なんと200万人。対して、新興の世論調査会社「アメリカ世論研究所」（後のギャラップ社）はわずか3000人という少ないサンプル数で、ルーズベルト有利（54%）を表明していました。

：ふ～ん、調査した人数が全然違います。サンプルは多いほうがいいですからね！

：理沙センパイ、そのリテラリー・ダイジェスト社というのは、それまでも予想を当てていたんですか？

赤子の手を捻るようなもの？

：その前までの5回、リテラリー・ダイジェスト社はすべて大統領選挙の予想を的中させていたから、実績は十分ね。それに、大統領選挙の2ヶ月前のメーン州予備選挙でも、共和党は勝っていた。「メーン州の選挙で勝った党が、大統領選も制する」というジンクスもあったし。

：サンプル数は200万人と3000人だから、700倍の差がありますし、過去のリテラリー・ダイジェスト社の実績、直前の予備選挙での共和党の勝利から考えると、私もヤマトさんと同じで、共和党のランドン候補が勝利したという予想です。

：まぁ、この状況下で民主党が勝つと予想するのは、大博打を打つよりもむずかしいわね。でも、結果はルーズベルトの勝利だった。なんと、48州（アラスカ、ハワイを除く）のうち、46州でルーズベルトが勝ったの。各州から獲得した選挙人の数は、ルーズベルトが523人、ランドンが8人よ。

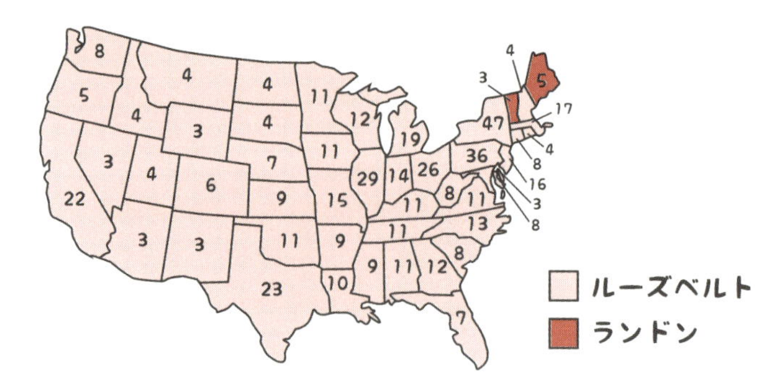

予想を覆し、圧勝したのはルーズベルトだった！

なぜ、3000人が200万人に勝ったのか？

おおかたの予想を覆した大統領選挙。

さて、3000人のサンプルが200万サンプルに勝った理由は何でしょうか？

それは「サンプルの選び方」しかありません。つまり、誰に聞いたのか、ということです。

多勢に無勢だったのに、どうして逆転したのか？

惨敗したリテラリー・ダイジェスト社は、サンプル、つまり「調査対象者」をどう選んだのでしょうか。まず第一に、自社の雑誌購読者（かなり高所得層）。そして、電話・クルマの保有者から1000万人に調査し、200万人の回答を得ていました。サンプルが高所得者に偏っているのは明らかです。

それに対してギャラップ社のほうは、「都市の男性」「都市の女性」「農村の男性」「農村の女性」「中間層の男性」……のように、いくつもの層に細分化し、そこから有権者の数に沿ってサンプルを選んだのです。

これが「全体をうまく凝縮したサンプル」となり、たった3000人のサンプルにもかかわらず、みごとに選挙結果を的中させることになりました。

どうサンプルを選んで負けた？　勝った？

：でも、わからないなぁ。それまでリテラリー・ダイジェスト社は、5回連続して大統領選の結果を当てていたんですよね。どうして今回だけ、外したんですか？　「サンプリングの失敗だ」というなら、それまでだって大統領選の予想を外していてもいいと思うけどなぁ。

：そこよね。なんでも統計学だけで片付けられないのは。

：えー、統計学って万能じゃないんですか？　理沙センパイは統計学信者だと思っていたのに。

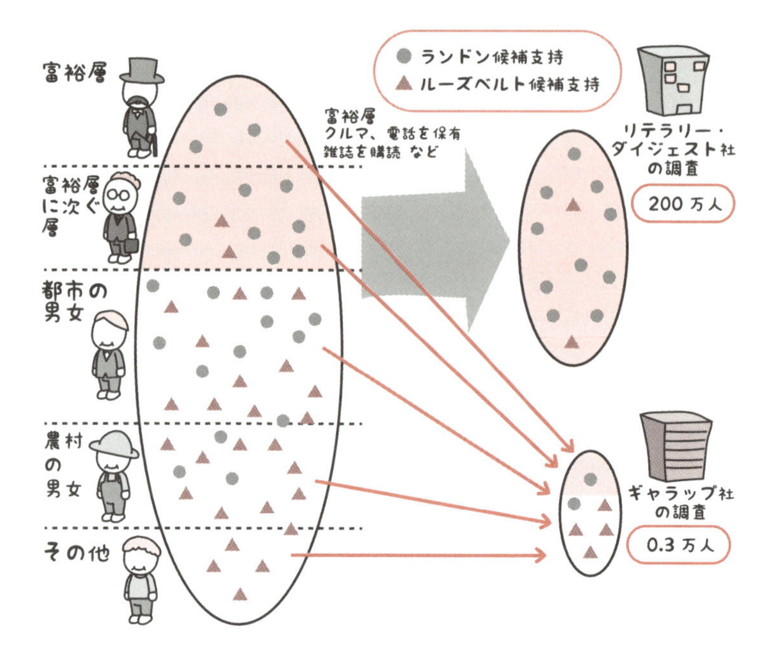

リテラリー社とギャラップ社のサンプリングの違い

：私は世の中のことをいろいろと紐解きたいだけ。統計学を使える部分は使おうと思ってるけどね。この大統領選挙は、「サンプリングの失敗」が大きな要因だといえるけれど、それだけでは説明できないのよ。

：どういうことですか？

：ヤマトくんもいったように、統計学のサンプリングとしてはダメな手法だったのに、それまでは当てていた。それがこのときは外した。なぜだと思う？　他にも要因があるはずよね。なんだろう？

：世の中の状況がそれまでと変わった……とか。あ、もしかすると大恐慌じゃないですか？　理由は明確にいえませんが、大恐慌の起きる前と後とで、何らかの状況の変化があったとか。

：私もそう思うの。それ以前は経済的にも多少は余裕があって、所得の高低にかかわらず、有権者の歩調が合っていた。だから「上澄み」ともいえる上層階級のサンプリングであっても、全体の傾向をとらえられていた。ところが、長らく続く不況で所得階層ごとの支持が変わってきていた。その結果、階層ごとにキメ細かくサンプリングを積み重ねたギャラップ社は、たった3000人であっても変化を読み取れた。ところが、上澄み層だけを見てきたリテラリー・ダイジェスト社は変化に気づかず、200万人のデータを集めても予想を外した……。そんなところかな。

大恐慌の前・後で有権者の気持ちが変わっていた？

：そうか、**「統計学だけやれば見えてくる」「当たる！」というものでもない**んですね。サンプリングは統計学的な手法だと思いますが、社会の変化とかを幅広くとらえないといけないんだ！

え？　階層別サンプルでも外れた？

ギャラップ社の方法は、地域別・年齢別・性別など有権者の属性に沿ったサンプリング数を割り当て（割当法）、アメリカの有権者全体の縮図となるように選ばれていました。そこで、この階層別にサンプルを採取する方法をどの調査会社も取るようになります。サンプル採取も進化したのです。

しかしその後、このギャラップ社を含めた多くの世論調査会社が予想を外したのが、1948年の大統領選挙です。階層別にサンプリングしているのに、なぜ多くの調査会社が予想を外したのでしょうか？

その原因として、調査する側の「調査マン」があげられました。というのは、属性に沿った割当まではデータ通りなのですが、「実際に誰に最終的に依頼するか」は現場の調査マンに委ねられていたのです。同じ「オハイオ州・女性・30代」であっても、自分と仲の悪い人よりも、気さくで話しかけやすい人に依頼するのが常です。

これが予想を外した原因とされています。

そこで、現在では属性に適合した人を調査マンが選ぶのではなく、無作為に依頼する「**無作為抽出法**」（random sampling）が採用されています。そのまま「**ランダムサンプリング**」とも呼ばれ、その1つがRDD法です。

RDD法（Random Digit Dialing）は、「ダイヤリング」とあるように、コンピュータでランダム（無作為）に数字をはじきだし、それを組み合わせて電話番号をつくり、そこに電話をして調査依頼をするという手法です。

RDD法はランダム抽出して電話をかける

一見、RDD法は完璧な無作為抽出法に見えます。しかし、電話では調査マンが本物かどうか信頼されない可能性もありますし、昼間に電話をすると主婦が受けることが多かったり（回答者の偏り）、最近ではケータイしかもってない人も増えてくるなど、万全な調査法ともいえません（現在はケータイもRDD法に含まれている）。

教科書的には「ランダムサンプリングで選べばよい」ということになるのですが、現実問題として、完全なランダムサンプリング（無作為抽出）を実現するのはむずかしいのです。

まとめ

「ランダムサンプリングで抽出」はキホンだが

言うは易く、実行するは難し

4話 企業のサンプル調査って？

お味噌汁の味見と同じことは、企業でも実施されています。それが**検品**です。

チョコレートや缶詰工場で、もし出来上がった製品の全品について全数検査をしていたら、売る商品がなくなってしまいますよね。その場合に有効なのが、**抜き取り調査**です。これも、全製品のうち一部を選んでくる意味ではサンプリングです。

検品はサンプリングの代表

工場ではサンプリングで品質チェック

：缶詰のような製品をすべて開封検査していたら、不良品を出荷するミスはたしかにゼロになるかもしれないけれど、売上が立ちませんよね。どのくらいの割合で検品するか、どういう状況になってきたら要注意かというのは、企業ごとに経験値とかノウハウがあるんでしょうけど。

：ウチのお父さんが工場で働いていたことがあるんですけど、**品質管理**というのがあったそうですよ。Webでも調べられると思うけど……あ、こんなグラフです。

：えーと、このUCLとかLCLという線は何の意味なの？

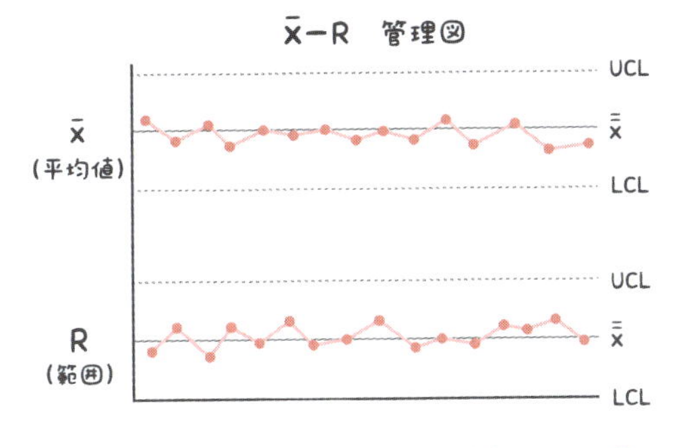

管理図で品質をチェック

：それは「限界線」と呼ばれているもので、UCLは「Upper Control Limit」の略よ。上部管理限界線と呼んでいるわ。

：ということは、下に書かれているLCLは「Low Control Limit」の略で、下部管理限界線ですか？　ネーミングからすると、このUCLのラインを超えたり、LCLを下回ったりしたらダメ、ということみたいですね。

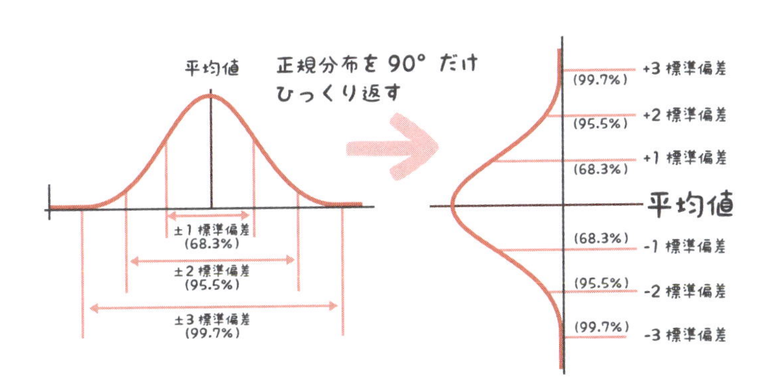

正規分布を90度ひっくり返すと何ができる？

：これって、前に話した「正規分布曲線」に関係する話よ。前のページの図を見てほしいんだけど、まず、左の正規分布を右のように横倒しにしてみようか。

：え、何をしているのか、意図がわかりませんが……。

：次の図を見れば、わかるんじゃない？

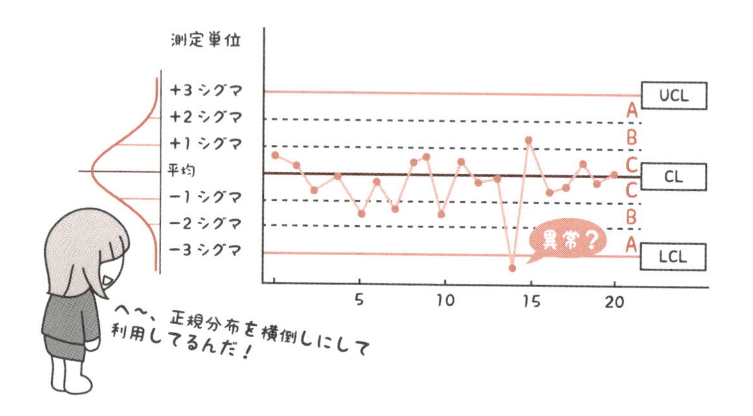

正規分布の標準偏差を利用する

：あ、すごいですね！　正規分布の標準偏差を活用しているんですか。そうか、明らかな不良品が出てきて「異常品」としてハネるのは当然としても、このグラフから、±3倍の標準偏差（約99％）に近いものが出てくると、そろそろ「危険水域かな」「チェックしよう」ということですね。

UCLやLCLには「限界」という意味があるように、さすがにこのラインを超えると危険です。

また、UCLやLCLを超える以前でも、「兆候」を見つける努力がされていて、次の表のように、一定の基準（JISのルール）も定められています。といっても、あくまでもこれは1つの目安（ガイドライン）であって、各会社や扱っている製品によって社内規定がつくられているはずです。

オシャカ（不良品）の兆候と原因を早めに見つけよう

1	管理限界外	領域A（3シグマ）を超えている
2	連（れん）	連続する9点が中心線に対して同じ側にある
3	上昇・下降	連続する6点が増加、または減少している
4	交互増減	連続する14点が交互に増減している
5	2シグマ外（限界線接近）	連続する3点のうち、2点が領域A（3シグマ）、またはそれを超えた領域にある（>2シグマ）
6	1シグマ外	連続する5点のうち、4点が領域B（2シグマ）、またはそれを超えた領域にある（>1シグマ）
7	中心化傾向	連続する15点が領域C（1シグマ）に存在する
8	連続1シグマ外	連続する8点が領域C（1シグマ）を超えた領域にある

意外にも、異常の判定も

正規分布から推定できるんだ

第5章 交番が多いと犯罪が増えるって本当？

～相関関係と因果関係は関係あるのかどうか～

A店、B店の売上が違えば、その理由を考えます。そのときによく使われるのが相関グラフ。ただ、この相関関係から「真の原因」がつかめるかというと、そうでないことも多いのが現実です。
その両者の関係を、見てみることにしましょう。

相関で何が見えてくる?

ヤマトくん、朝から機嫌よく、上司にも先輩にも声をかけています!

理沙さんが理由を聞いてみたところ、「平均値も標準偏差も理解できたし、サンプリングについても原則論や事例についてもわかりました。だから、そろそろ統計学も卒業かな、と思って」とのこと。

当然、理沙さんのカミナリが……。

:何をいってるんだかね。アンタ、ホントに単純すぎるわよ。平均とか標準偏差って、統計学でいえば初歩の初歩。1つの要素についてのデータ処理にすぎないんだからね。世の中は複数の要素が絡み合いながら動いているのよ。

:1つの要素? 複数の要素……何のことですか?

:ボーナス額の平均値や標準偏差の場合でも、あるいは身長の平均や標準偏差であっても、それぞれは「ボーナス」とか「身長」という1つのデータをもとにして、代表値やバラツキ度を見てきただけでしょ? でも、多くの人たちは「あしたは気温が35℃まで上がりそうだから、アイスクリームの仕入れを増やしておこう」みたいに、気温と売上という「複数データの関係」を考えながら動いているわけ。

:ヤマトさん、「**相関関係**」という分野のようですよ。31ページの統計学の地図に小さく書いてありましたよ。

:相関関係?

2つの関係を示す「相関関係」って？

次のグラフは、いま話の出た「気温とアイスクリームの購入金額(一世帯あたり)」の関係を表わしたものです。

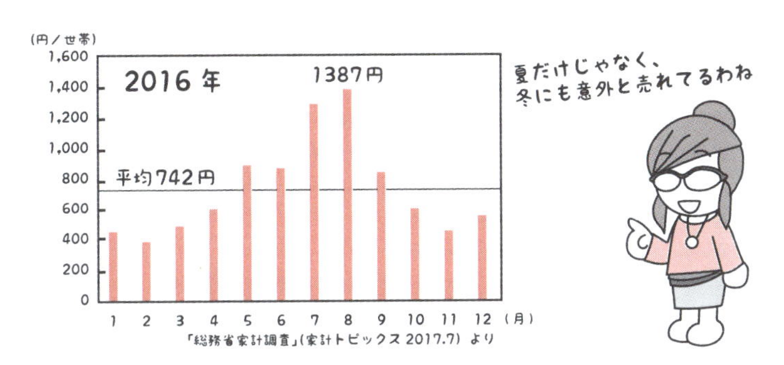

アイスクリームの売れる時期は？

さらに、あるアイスクリームショップが自店で独自にデータ収集した「アイスクリームの販売個数と気温の関係」を見たのが次のグラフです。

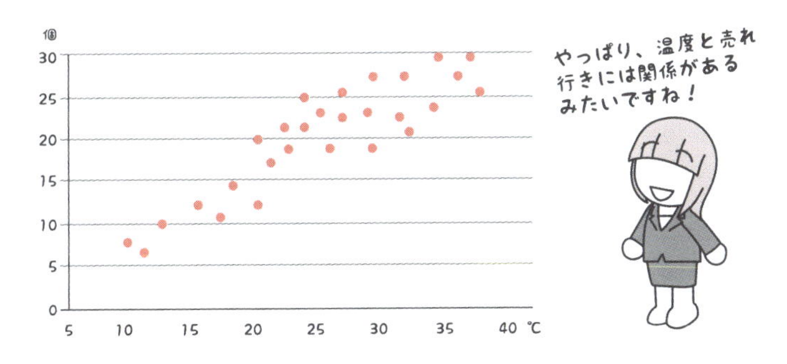

気温と販売個数の関係を示すと？

正の相関、負の相関、相関なし

こんなふうに温度が高くなればなるほど、アイスクリームはもちろん、かき氷、ビール、清涼飲料水などの売れ行きがアップすると予想できます。おおざっぱに言えば、次のようになります。これが「**正の相関**」です。グラフは右肩上がりです。

「正の相関」は右肩上がり

：なるほど。たとえば「カロリー量の多いものを食べている人ほど太っている」とか、そういうのが「正の相関」ですね！

：「太る」というより、「体重が増える」といったほうがいいんじゃないでしょうか。体質も影響すると思いますけど、たくさんの人を集めれば、その傾向はあるでしょうね。

：たしかに、「太った！」というと主観的だけど、「体重」であれば客観的な計測ができるもんね。もしかして、「正の相関」があれば、逆のパターンもあるってこと？

：はい、その通りです。「**負の相関**」と呼んでいます。たとえば冬の寒い頃は、コートや風邪薬の売れ行きがよくなりますが、気温が上がってくればそれらは売れなくなりますよね。おおざっぱにいうと、そんな傾向があると思います。

「負の相関」は右肩下がり

：そうか、さっきとはグラフの傾きが逆になって、右肩下がりになるんだ。「負の相関」もわかった！　大丈夫！

：もう1つ。傾向がはっきりしない場合もあります。それを「**相関がない**」というんですよ。

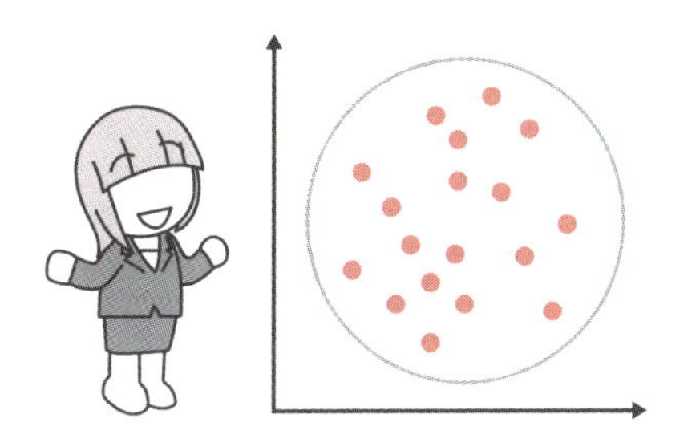

「相関なし」という分布もある

相関を「数値」で表わすにはどうする？

「正の相関がある」「負の相関がある」といっても、かなり明瞭な傾向を示すこともあれば、「相関があるかないか、とても微妙」なケースも考えられます。ですから、どの程度以上であれば「相関が強い」といえるのかは、「バラツキ度」（分散／標準偏差）と同じように、数値化しておきたいところです。

　また、どこからが「相関がない」というのかについても、人の主観や都合だけでは曖昧になってしまいますので、あらかじめその基準（目安）も数値で決めておくべきです。

：桃子ちゃん、相関の説明ありがとう。大事なのは「数値で表わすこと」だよね。もし、相関の強さを数値で表わすことができれば、誰でも同じ土俵で指標を取り上げ、考え、比較できるからね。ということで、結論！
相関の強さである相関係数は、「－1～＋1」までの数値で表わす。
どう、了解した？

：正の相関はプラス1のほうで、負の相関－1のほうですね。その相関係数って、いくつからいくつまでが「相関が強い」とか、「相関はあるけど、弱い相関」とかの線引はないんですか？

：線引か。「数値で線引する」という発想が身についてきたみたいね。ただ、相関関係の場合、**相関係数**（r）というものがあるにはあるけど、あくまでも「目安」だからね。

0.7 < 強い正の相関 ≦ 1.0
0.4 < 中程度の正の相関 ≦ 0.7
0.2 < 弱い正の相関 ≦ 0.4
－0.2 ≦ （相関なし） ≦ 0.2
－0.4 ≦ 弱い負の相関 < －0.2
－0.7 ≦ 中程度の負の相関 < －0.4
－1.0 ≦ 強い負の相関 < －0.7

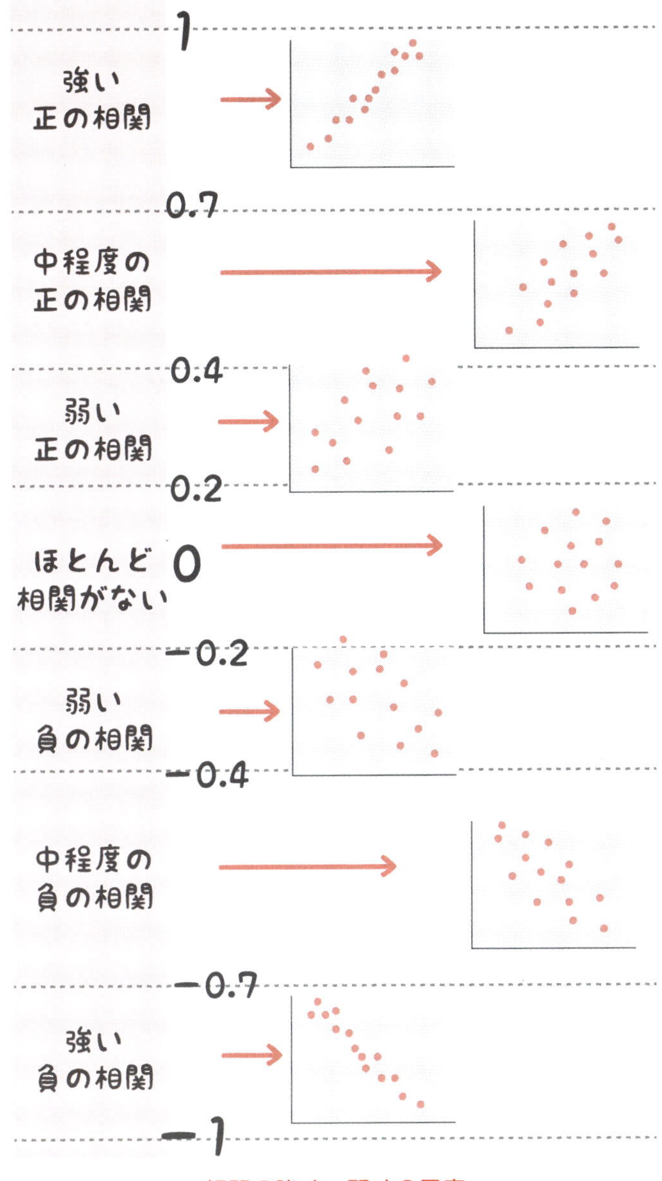
1
強い
正の相関
0.7
中程度の
正の相関
0.4
弱い
正の相関
0.2
ほとんど
相関がない
0
−0.2
弱い
負の相関
−0.4
中程度の
負の相関
−0.7
強い
負の相関
−1

相関の強さ・弱さの目安

相関の強さを示す「**相関係数**」は、直感的には理解しやすいと思いますが、いざ、この相関係数の求め方を理解しようとすると、話が長くなります。実際、相関係数の公式は次のようなものです。

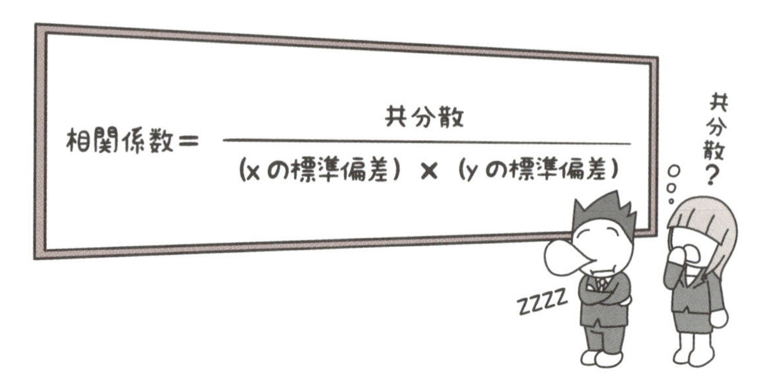

相関係数？　公式を見るだけで眠気が襲う

ヤマトくんも桃子ちゃんも眠くなりそうなので、相関係数の計算については深入りせず、もっと現実的な「相関関係と因果関係」について入っていくことにしましょう。

相関には「正の相関、負の相関、相関なし」がある

「相関の強さ」は－1 から＋1 までで表わせる

2話 相関があれば因果もある…って、ホント？

2つのデータの関係を扱う「相関関係」については、会社でもよく見かけることがあります。会議の場で相関関係にあるデータが発表されると、「あ、データで見ても、両者には関係がある！　ミス多発の『原因』はここにあったのか！」と考えがちです。でも、それは早合点の可能性が大きいのです。

なぜ早合点といえるのでしょうか？

それは、「**相関関係があるからといって、因果関係があるとは限らない**」からです。

「原因」があれば「結果」も生じる

もし、Aという原因があって、Bという結果が起きれば、そこには必ず「**因果関係**」があります。

「原因」があれば「結果」がある＝正しい！

そして、**因果関係があれば、必ず相関関係もあります**（正の相関、あるいは負の相関）。

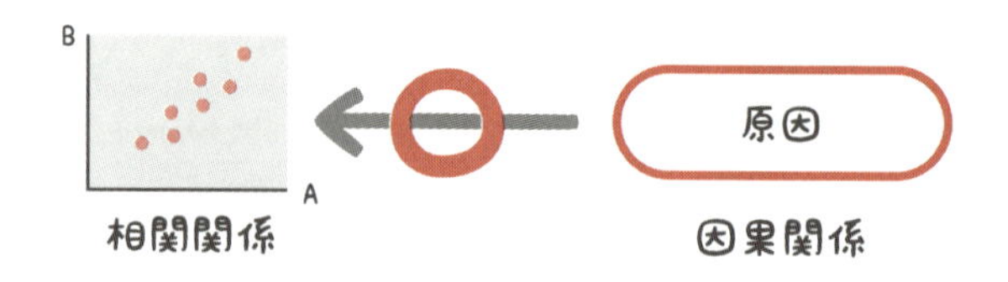

原因があれば、その結果が起きて「相関関係」が見られる

では、その逆はどうでしょうか？

見た目に相関関係があっても、そこに因果関係があるとは限りません。

相関関係があれば「その２つに因果はある」といえる？

ですから、相関関係と因果関係とを間違えて大事な判断を下してしまうと、大きなミスにつながります。

相関関係と因果関係って？

：理沙センパイ、相関関係があれば、すべて因果関係もある

んじゃないですか？　だからこそ、結果として相関グラフに現れるんだと思います。

：どうなんでしょう？　最近、ある市会議員さんの話を聞いていて、「おかしいな」と思ったことがあるんです。その議員さんによると、交番数と犯罪発生件数を調べたら、次のようなグラフになったというんです。

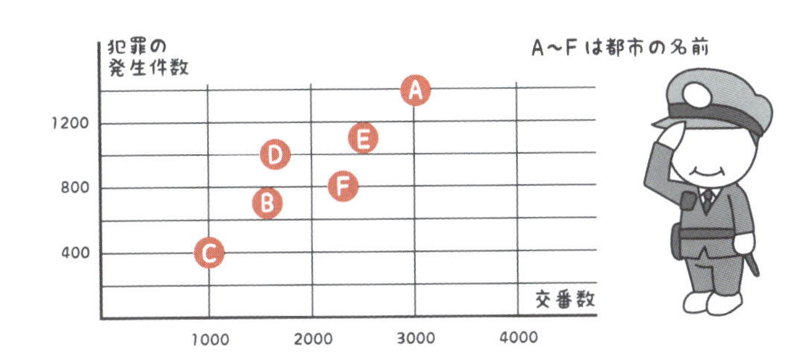

議員の調べた「交番数と犯罪の発生件数」の相関

：わぁ、2つの間には相関関係がはっきり見えるね。相関係数を算出するのは、前に見た公式から考えても嫌だけど、直感的にいうと0.7ぐらいあるよ、きっと。意外だな～。交番が多いと犯罪発生件数が多いなんて、パラドクスだね。その議員さん、よく調べた！

「交番が増えると犯罪が増える」はホントか？

：え？　ヤマトさん、ホントにそう思います？　議員さんが関係を調べたところまではいいんですけど……。その議員さん、困ったことに「このデータは、交番が多いと犯罪が増えるという証拠だ。だから、交番を減らせば、犯罪件数も下げられる」と言い始めたんです。交番数を減らしたら、ホントに犯罪が減ってくれるんですか？

「交番を減らせば犯罪が減る」という論理は正しい？

この議員さん、「相関関係があると、そこには因果関係がある」と思い込む典型的なパターンですね。でも実は、「2つの間に相関関係が見られるけれど、直接的な因果関係はない」ということが多いのです。

桃子さんが独自に調べた結果、わかったのが次の表です。

	A市	B市	C市	D市	E市	F市
人口	35万	15万	9万	24万	27万	19万
交番数	1500	1300	1000	2500	2600	1900
犯罪数	1300	700	400	1000	1100	800

桃子さんによる人口と犯罪件数の相関関係

表だと理解しにくいかもしれないので、かんたんに相関グラフもつくってみました。

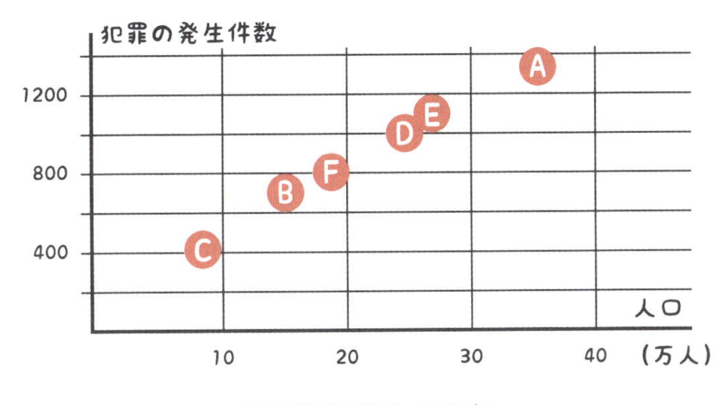

表を散布図にしてみた

：うーん、交番数というよりは、人口と犯罪発生件数がリンクしていたんだね。ということは、「交番が多いから、犯罪数も多い」ではなく、「人口が多かったから、犯罪数も多い」と考えたほうが素直な解釈かな。

：そのほかにも「犯罪多発地域だから、交番数を増やした」とか「経済事情が悪くなって、犯罪が増えてきた」ということも考えられるよね。

：そうすると、議員さんのいう「交番を減らせ」ではなく、経済対策にテコ入れして、雇用を安定させるとかのほうが犯罪件数を抑えるのに効果がありそうですね。

因果関係を読み間違えると、桃子さんのいうように、間違った対策を打つことにもなってしまいます。たとえば、過去には「『授業時間が増えると、成績が下がる』という因果関係がある」と主張した人もいるようです。つまり、「勉強すればするほど、成績が落ちる」といわれているようなものでヘンな話ですが、事実であれば「学校での授業時間を減らそう（増やしてはいけない！）」ということになります。

これはグラフのような、国際的な結果による説明だったのですが、たとえば当時トップのシンガポールでは、1週間当たりの理科の授業を2時間～3.5時間受けている子どもたち（24％）は、国際調査の試験で平均618点だったのに対して、同じシンガポールの子どもでも3.5時間～5時間の授業を受けている生徒（76％）は603点と下がっている、という状況があったのです。なるほど、「授業時間が多いと→成績が下がる」という因果関係が成立しているように見えます。

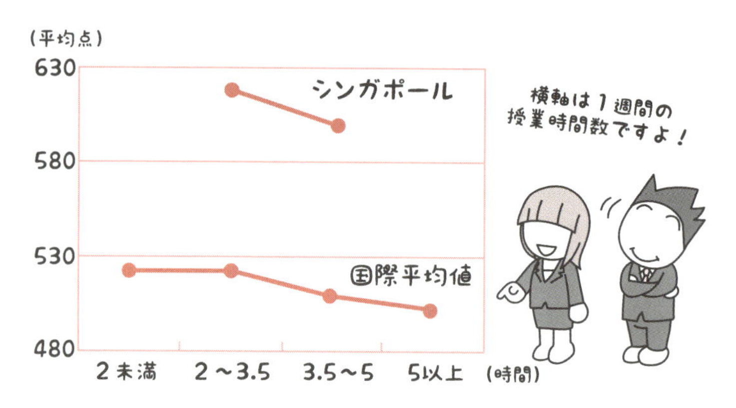

週あたりの理科の授業時間数と得点

実は、シンガポールなどでは小学校5年生から成績によってクラス分けがされていて、「成績下位のグループの子どもには、補習授業などを行い、進んでいる子どもよりも多くの時間をかけて、ゆっくりと理解させよう」という教育がなされていたそうです。つまり、「進度が遅れているから、時間を増やしてフォローして追いつかせよう」ということであって、「授業時間が多いと→成績が下がる」のではなく、「理解が遅れているから→授業時間を増やして対応している」という教育方針だったのです。海外ではこのような対応を取っている国も多いようです。

このように、グラフの傾向だけを見て即断即決すると、因果関係を捉え損なう可能性があり、国の教育政策などに禍根を残すことにもなりかねません。因果関係の取り違いは恐ろしい……。

まとめ

因果があれば……相関があるはOK!

相関があっても……因果があるとは限らない

3話 疑似相関を疑え！

相関関係があるのに因果関係はないという場合には、しばしば「別の要因」が裏に隠れていることがあります。このようなケースのことを「**疑似相関**」と呼んでいます。第3の要因が隠れているケースです。

：桃子ちゃん、疑似相関にはどんな例があるんだろうね？具体的に知りたいよ。

：疑似相関の例ですか？　たとえば「ビールとアイスクリームの消費量が相関する」ってのは、どうですか？

：すぐにわかるよ。その裏には、「温度」という第3の要因があるんだろ。もっと面白いものはないのかな～？

：有名なものでは、アメリカの俳優ニコラス・ケイジの映画出演本数と、プールでの溺死者数の相関があるわよ。

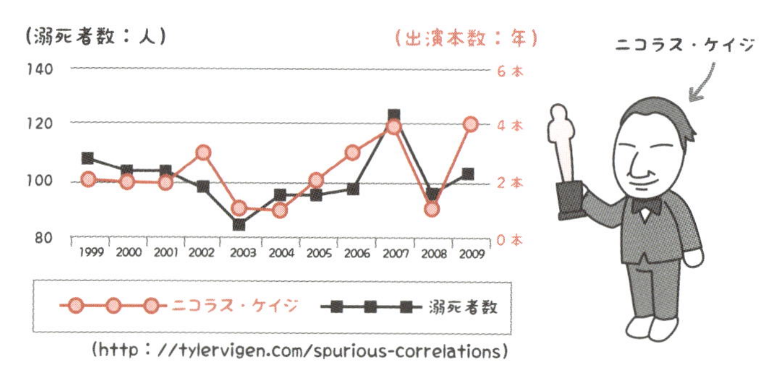

疑似相関——ニコラス・ケイジと溺死者数の相関

前ページのグラフを見ると、たしかにニコラス・ケイジさんの映画出演本数と溺死者数とは、「相関がある」といえばありそうに見えますが、ニコラスさんの映画ではいつも泳ぐシーンがあるなどでもない限り、偶然の産物でしょう。

他にも、テレビドラマのCM本数なども調べていくと、偶然に相関関係をもつ例もあるかもしれません。とんだとばっちりです。

足のサイズと漢字学習との相関関係はあるけど……

:私も似た話を聞いたことがあります。小学生で「足の長さと漢字テスト」が相関するという話です。つまり、小学生の場合、**足のサイズが大きいほど、漢字を書けたり読めたりするらしい**という噂なんですけど。

:え､知らなかったよ。ボクは足のサイズが小さいんだけど、それが原因で漢字のテストも悪かったのか!

:アホか! ニコラス・ケイジと同じ、疑似相関の例であげてんでしょ!!

また落ちた、理沙さんのカミナリ

：ヤマトさん、ごめんなさい。私の説明不足だったかもしれませんけど、おとなで調べた結果ではなく、これは「小学生」の話です。

：小学生は1年生〜6年生になるまで、毎年、身体が成長して足のサイズもどんどん大きくなっていくよね。ここが大事なんだけど、その学年ごとに新しく教わり、覚える漢字も多くなるでしょ？　で、3年生は4年生の漢字を教えてもらってない。だから、漢字の読み書きは「足のサイズ」が原因ではなく、「学年」の違いと考えるほうが妥当でしょ。違う？

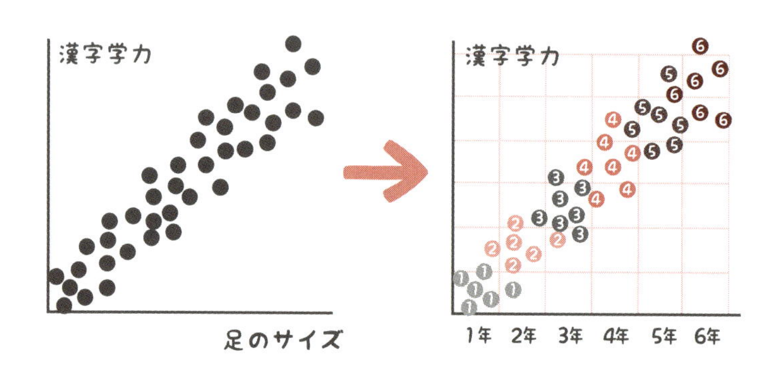

「足の大きさ」と「漢字学力」の関係は？

：そうか、面目ありません。もし、本当に「足のサイズと漢字テストの成績」の間に因果関係があるかどうかを調べたければ、まず、各学年の中で「足のサイズ・漢字テスト」の相関を測ってみることですね！

：そうそう、そうですよね（汗）

偶然の相関データに騙されるな

「ニコラス・ケイジと溺死者数」まで話が広がると、さすがに誰も本気にはしません。しかし怖いのは、データというのはアチコチ探し回ってみると、「あれ？　相関する？」と思えるものが出てくる可能性があるという点です。

このデータとこのデータとは、うまく相関するぞ！

つまり、人を騙そうと思えば、いくらでも相関するデータを探してくることができるということ。だから、騙されたくなければ、「それは相関データであって、因果関係とはいえない」といい切れるようにトレーニングしておく必要があります。

また、自分で何かを提案するときにも、「これは単なる相関関係にすぎないのではないか？」と疑い、「因果関係」まで導き出す努力が必要なのです。

まとめ

相関あっても因果なし……はとっても多い

因果のない疑似相関に騙されるな！

4話 コレラに学ぶ因果関係？

19世紀のロンドン。統計学の大きな転換点がここで始まりました。コレラ禍に端緒を発した「**疫学**」の始まりです。

疫学とは、集団を対象として（集団なので統計学を使う）、疾病の発生原因や対策・予防などを研究するものです。コレラなどの伝染病対策から始まりました。

ロンドンには何度もコレラが大流行しましたが、19世紀当時、「コレラは悪い空気（瘴気（しょうき））で感染する」と恐れられていました。しかし、医師ジョン・スノウ（1813〜1858）は、コレラで亡くなった人々の詳細な地図をつくり、そこから空気感染ではなく「経口感染」であることを確信し、その状況証拠から特定の井戸水の使用を禁じて拡大を食い止めたのです。

コレラ発生地図から「出どころ」を特定

演繹法と帰納法の違い？

：コレラの原因を調べることで、大きく統計学は進んだということですか？

：そうね。統計学って、純粋数学とはちょっと違うところがあって。ほら、数学って、絶対的に正しい「公理」をもとに、そこからたくさんの定理を積み上げていくでしょ？演繹法（えんえきほう）というけど、だから導かれた結論も正しいというわけ。

：なんだか抽象的で、さっぱりわかりませんよ。何か具体的で、わかりやすい例があれば……。

：有名なものだと、「人間は必ず死ぬ、ソクラテスは人間だ、だからソクラテスは死ぬ」って話、聞いたことがない？「人間は死ぬ」という絶対に間違いのない命題から出発して、「ソクラテスは人間に含まれる」から「ソクラテスは死ぬ」というもの。三段論法ともいうのよ。

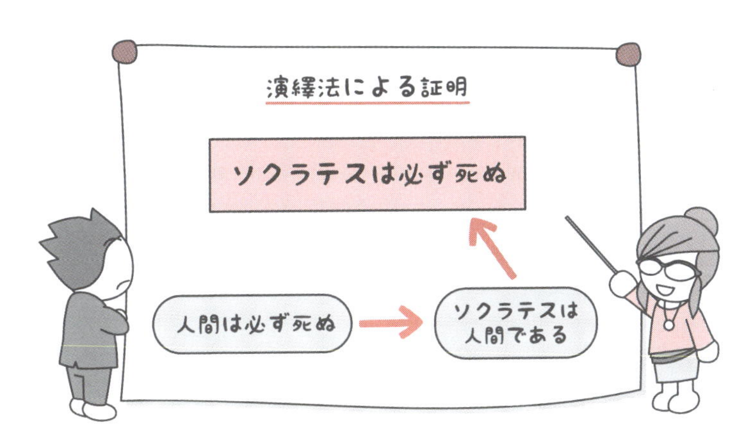

三段論法（演繹法）は正しいことから出発する

：あ、それなら聞いたことがあります。なるほど、数学の証明と同じですね。絶対的に正しいことから出発する。あれ？統計学は違うんですか？

：統計学の場合は、膨大な事実・事例が先にあって、そこから「これが共通の原因ではないだろうか？」と推論するわけ。個別の事例から普遍的な概念へ。これが**帰納法**と呼ばれているものよ。

：ふう〜ん、帰納法というんですか。その帰納法についても、何かわかりやすい事例をあげてもらえませんか？

：そうね。「ソクラテスは死んだ、プラトンも死んだ、アリストテレスも死んだ、××も死んだ……」というたくさんの事例から「共通点」を推論して、「人間という生き物は死ぬ」という結論を導き出す。もしかすると間違う可能性もあるけど、帰納法は統計学以外にも、AI（人工知能）などでも使われている手法よ。

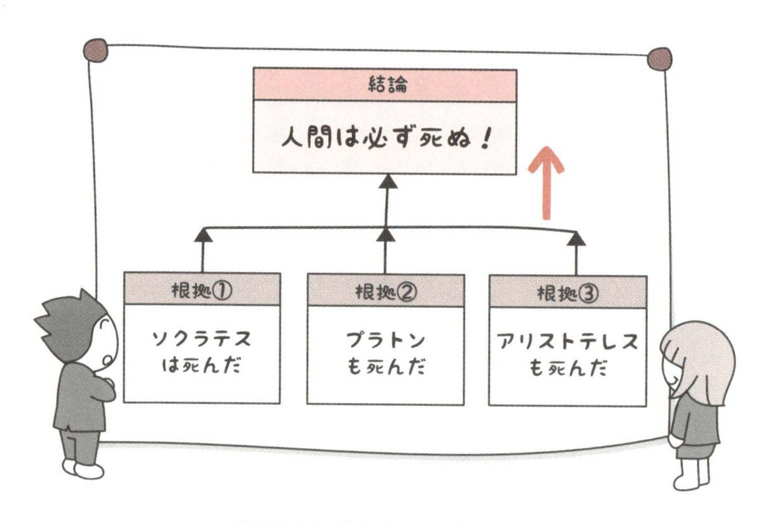

事例から結論に至る帰納法

真の因果関係がわからなくても……

最初にも少し話をしましたが、19世紀のロンドンでは、「街を覆う悪い空気（瘴気（しょうき））がコレラの原因」と考えられていました。しかし、いろいろな患者（無数の事例）の生活を見たり、患者の発生地図をつくっているなかで、スノウ博士は帰納法的に「原因は空気ではなく、水ではないか」と疑いの目を向けたのです。

：スノウ博士には原因がわかったんだ！

：う～ん、残念だけど、それは「原因」とまではいえないわね。次の表を見てほしいんだけど、A社もB社も、同じテムズ川から飲料水を採水しているけど結果が違うよね。

▼水道業者とコレラ死亡者の相関関係

	軒数	コレラ死亡者	1万軒あたり死亡者
A社	40046	1263	315
B社	26107	98	37

「On the Mode of Communication of Cholera」より

：ホントですね。1万軒あたりの死亡者数が全然違います。前回の井戸水とは違って、今度は同じテムズ川の水ですよね。

：これだけでは、真の原因まではわからない。だけど、スノウ博士の調査を見る限り、「A社の水を飲んでいる家庭では、B社の水を飲んでいる家庭に比べて8～9倍もコレラ死亡者が多い」という相関関係だけは明白なのよ。

：相関は見えますね。でも、因果関係とまではいえませんよね。そんなときは、どうしたらいいんですか？

：とりあえず、スノウ博士はA社の水道を使わないようにさせた。疑わしきは罰せずではなく、疑わしきは使わせないという方法ね。真の原因がわかるまで待っていたら、コレラ禍がさらに拡大するだけだから。**真の原因はわからなくても、相関データで動いた**ということなのよ。

因果までわからなくても、決断しなければいけないこともある？

「相関関係で動く」ということも必要

スノウ博士は「水の中にコレラの原因があるはず」とまでは推測できても、彼の使っていた顕微鏡ではコレラ菌を発見するまでには至りませんでした。本来なら、因果関係までさかのぼりたいところですが、現実にはそれが無理なことも多くあります。

実際、コレラが起こる真の原因は、スノウ博士の死後（1858年）、ドイツのコッホがコレラ菌を発見し（1884年）、**コレラ菌が人間の排泄物とともに水に流され、それを飲むなどで伝染していく発症のメカニズム**がわかりました。

科学的には「コレラ菌の発見、発症のメカニズム」までわかって初めて、「因果関係の解明」となります。けれども、因果関係が完全に解明されるまでは動けないのか？　コレラ禍は研究所の試験管内で起きているのではなく、ロンドンの現場で起きていました。

このように、真因まではわからないけれど、かき集めたデータから帰納法的に類推し、食い止めようとする。このような疫学の存在が、統計学の発展に大きく寄与したといえるでしょう。

なお、コッホが1884年にコレラ菌を発見するよりも30年も前（1854年）に、イタリアのフィリッポ・パチーニがコレラ菌を発見していました（学会からは認められていなかった）。後に、そのことが認められ、名称もパチーニの付けた「コレラ」が現在残されています。

：統計学の教科書では、「相関関係があっても、因果関係があるとは限らない」と書いてあるけれど、現実的には相関関係だけで動かなければいけないことは多々あると思うんだよね。

：え、いま何かいいました？

：ううん、独り言よ。

因果関係がいつ解明されるかわからないことも多い

そんなときは「相関関係」で推測し、

行動に移すことが必要なこともある

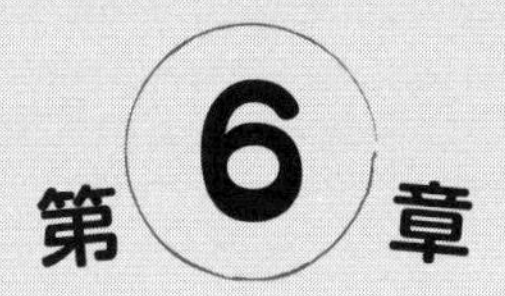

第6章

「1本の線」を引いて考える!
～回帰分析のススメ～

散布図を見て相関があれば、そこに1本の直線を引くことで、なんと「未来」まで予測することができます。ただ、その引き方を間違えるとミスリードに繋がります。たかが直線、されど直線……。
どうすれば、きちんと線を引くことができるのでしょうか?

1話 エイヤッと、線を引いてみると

散布図を見ながら、その相関の強さが「−1から+1」までで表わせることを示してきました。

ところで、ある会社の宣伝費・売上高を散布図に示すと、図のようなグラフになりました。ヨコ軸は宣伝費、タテ軸は売上高です。この図からちょっと考えを発展させてみるには……。

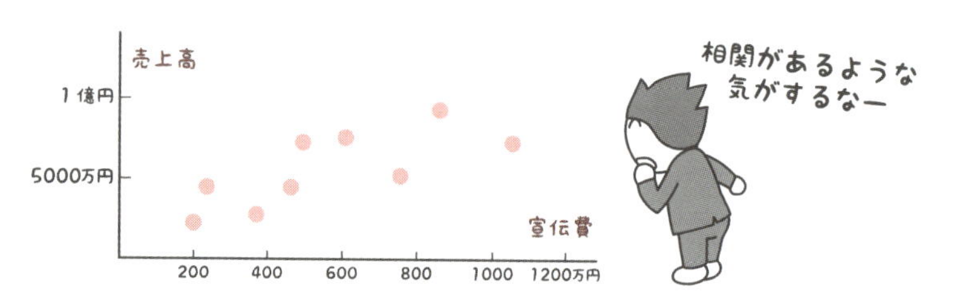

宣伝費と売上には相関がありそう

1本の線で「未来を読める」？

：この図は、ウチからの新聞・ネットなどへの「広告宣伝費」と、それに対応した「売上高」ですね。宣伝部は営業会議の場で、「宣伝費と売上は連動する、もっと宣伝費をかければかけるだけ、売上も上がる」という根拠に使ってましたけど、たしかにその傾向は見えます。

：逆に、「宣伝費を減らせば、売上高も比例して落ちる」ということがいいたいんですね。大ざっぱな傾向ですけど。

：大ざっぱとはいっても、明らかに右肩上がりだよ。正の相関だね。

：そうね。じゃあ、こんなふうに線を引いてみたらどう？

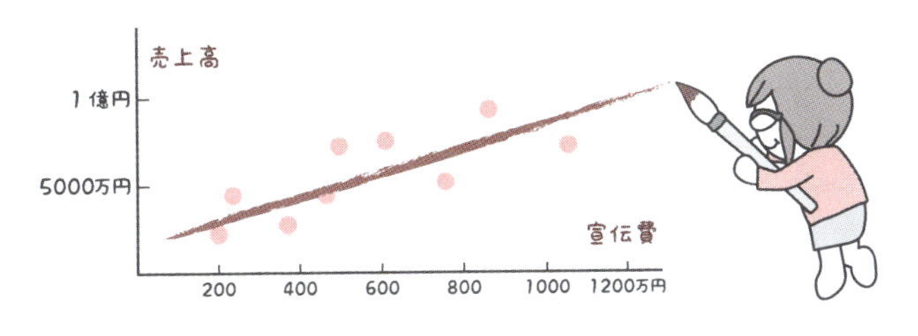

相関グラフに1本の線を引いてみる

：理沙センパイ、ずいぶんと大胆ですね。線を引いて、何になるんですか？

：あれ？　これって、たとえば「宣伝費を1200万円にしたら、売上高は1億円になる」ってことじゃないですか？

：そうか。散布図のグラフの傾向をもとにして線を引いたら、おおよその予想ができるんだ！

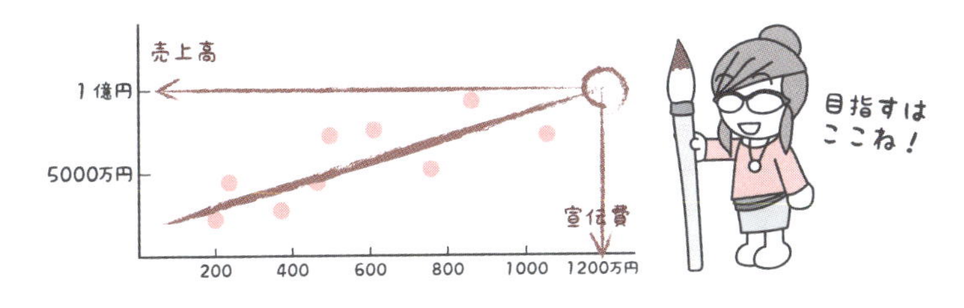

売上高を1億円にするには？

：ということは、**未来が読める**ということですか!?

回帰直線をどう引く？

過去のデータを集めて散布図をつくったとき、その傾向を1本の線にまとめると、とても便利です。この線のことを「**回帰直線**」と呼び、回帰直線を使って分析する方法を「**回帰分析**」と呼んでいます。

回帰分析をするとき、その**要因をグラフのヨコ軸に、その結果をタテ軸に置く**のが一般的です。このため、宣伝費が多い・少ないといった「要因」はヨコ軸に置き、その要因によって売上が変わっていくという「結果」はタテ軸に置くことになります。

：この散布図だと、ボクはこの辺に線を引くな。えい、どうだ！　桃子ちゃんはどこに引く？

：私ならこの辺がいいです。ヤマトさんと、引いた線の位置が違ってしまいましたね。

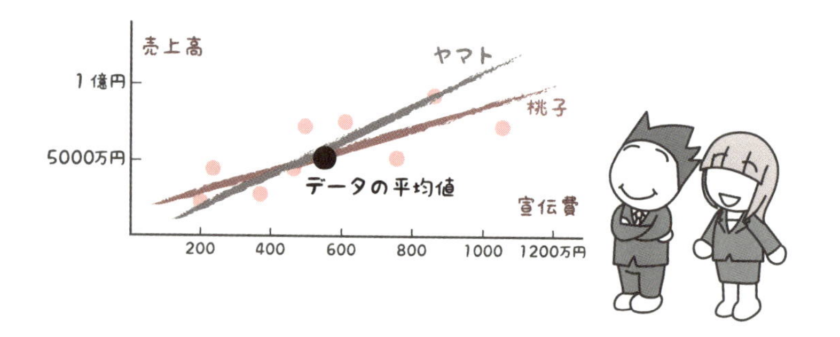

テキトーに引くと、2人の線が合わなくなる

：まぁ、適当に引いてるからね。

：うん、そうね。適当に引いてると、ラインが違ってくるし、上司の納得も得られないから、宣伝費の獲得もむずかしくなる。桃子ちゃん！　みんなが「なるほど、そういう線引であれば納得できる」とするにはどう線を引けばいいか、ちょっと考えてみて。

差を最小にするような直線を考える

：まずはデータの平均値を通ることでしょうね。次に、できるだけ多くの点に近いところを走るような線を引く。そうすると、散布図の各点と、これから引こうとする線との差をできるだけ小さくするということでしょうか？

：うん、「できるだけ小さく」ではなくて、「最小にするライン」を見つけること。つまり、次の図のように、**予測の式（データの平均値を通る）と実際のデータとの差を「最小」にする**ように引けばいいってことよ。

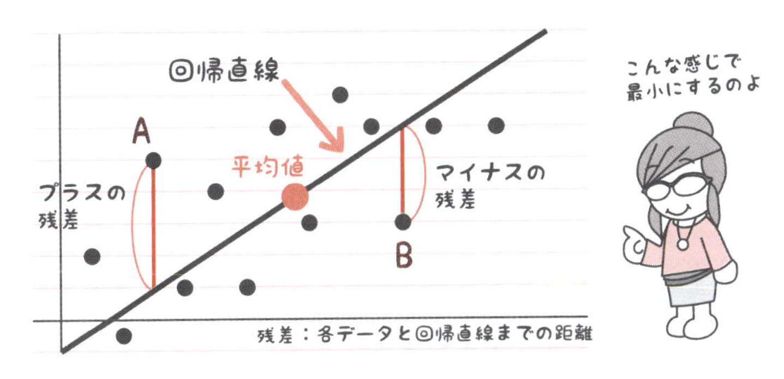

各データと直線の距離とが「最小」になるように引く

理屈では、理沙さんのいうとおりです。実際のデータとの差が最小になるような直線が「回帰直線」になります。

けれども、実際の作業としては、プラスの**残差**（各データと回帰直線までの距離）、マイナスの残差をそれぞれ2乗して足していき、その和を「最小にする」ことを考えますので、結構な手間になります（**最小二乗法**）。

そこでちょっとズルをして、計算のプロセスはExcelに任せることにし、その例を次項で少し説明してみましょう。

まとめ

相関グラフの傾向を、たった１本の線で

表わすのが回帰直線の役割

2話 Excelのチカラを借りて、回帰直線を引いてみる

「回帰直線の理屈はわかった」というところで、実践に移ってみます。線を引いてみるのです。

中学時代、直線は「$y = ax + b$」という形で習いました。覚えているでしょうか？

この式で、aは「**傾き**」と呼び（統計学では「**回帰係数**」）、bは「**切片**」と呼ばれていました。

直線の傾き、切片の意味は？

回帰直線も、この「$y = ax + b$」の形です。もちろん、そんなことはすっかり忘れてしまった、という場合でも大丈夫ですが、「$y = ax + b$」の形を出すんだということだけは覚えておいてください。

体重を身長から算出するには？

身長と体重との間には、ある程度の相関関係があると予想できます。同じスリム型であれば、身長の高い人のほうが体重も重くなるで

しょうし、同じ肥満型の場合でも同様の傾向があると考えられます。どの程度の関係があるのか、それを次のデータをもとに考えてみます。

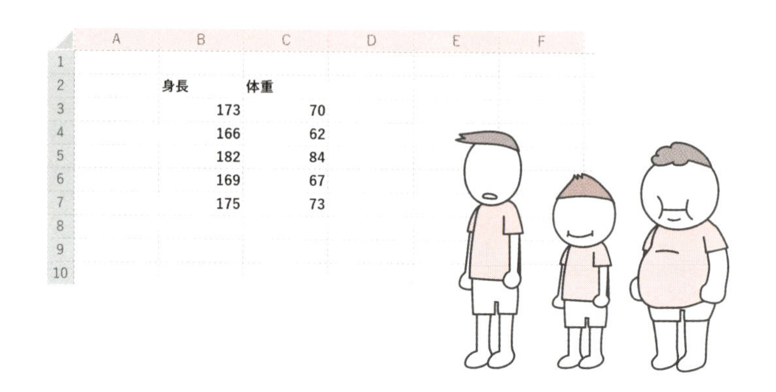

	A	B	C	D	E	F
1						
2		身長	体重			
3		173	70			
4		166	62			
5		182	84			
6		169	67			
7		175	73			
8						
9						
10						

身長と体重のデータ

：上の図のデータを単純にExcelでグラフ化すると、下の図のようになる。データを入力して散布図を選べばいいだけよ。

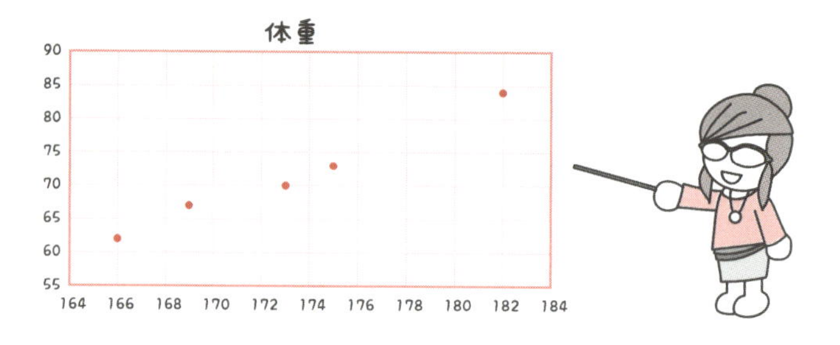

身長（ヨコ軸）、体重（タテ軸）のグラフ

：明らかに相関がありそうですね。だけど、線をどこにどう引くか。さっきは、その回帰方程式を算出する方法は手間なので、Excelにやってもらうと聞きましたけど。

：そうね。まずデータの位置を見ると、身長がB3～B7のセルに入っていて、体重はC3～C7までのセルね。相関係数は「correl」を使い、範囲はB3～B7とC3～C7までなので、「=correl(B3:B7,C3:C7)」でOKよ。

=correl(B3:B7,C3:C7)

	A	B	C	D	E	F
1						
2		身長	体重		相関係数	0.9923389
3		173	70			
4		166	62			
5		182	84			
6		169	67			
7		175	73			
8						

相関係数が0.9923……と計算できた！

：すごい、相関係数は0.9923……かんたんに算出できましたね。次はどうすればいいんですか？

：今つくったグラフの点の1つを右クリックして、「近似曲線の追加」を選ぶ。

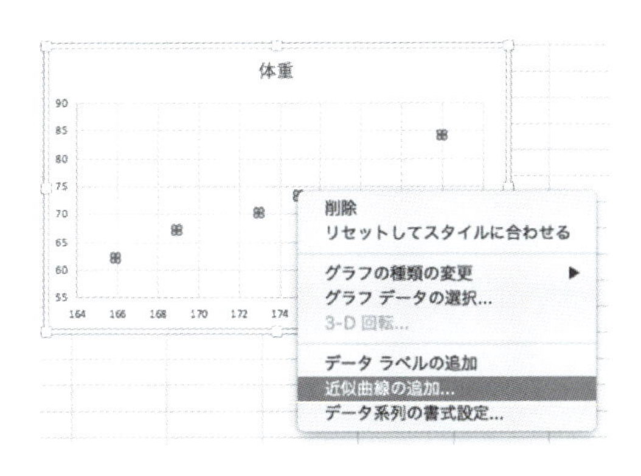

近似曲線の追加をする

ここで、「グラフに数式を表示する」というところをチェックすると、ほら、グラフと数式が出てきたでしょ。

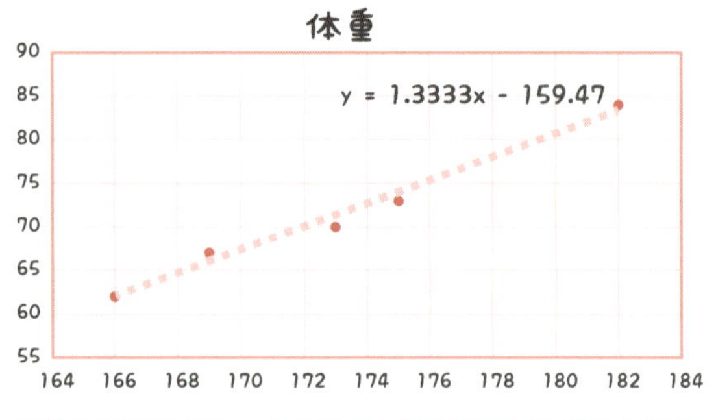

回帰直線の式と、ついでに直線まで引いてくれた

回帰直線を得ることができた！

Excelがきれいに、各点に近似した線を描いてくれました。こんなところでExcelと競争しても人間は負けますので、Excelの力を借りることにします。上の図を見ると、グラフと式がちょっと近くて見えにくいし、文字も小さいので、文字を大きくして少し場所を移せば下の図のようになります。

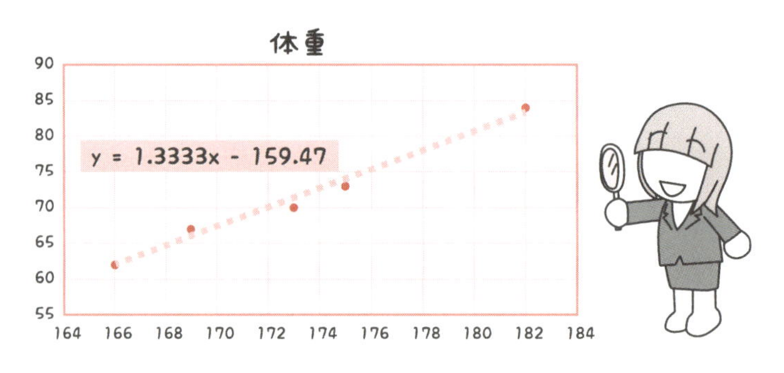

身長と体重の関係を示す回帰直線

こうして、ややこしい計算をしなくても、グラフの上に線も引けました。ただし、計算からフリーになったのはいいけれども、ちょっとした入力ミスをしても、答えはシラッと出てくるので、出てきた答えを見て「不自然だ!」といった感覚を磨いておくことはいつでも必要です。

:結局、回帰直線ってなんだったっけ?

:たとえば、身長と体重にはどれだけの相関があるか、それを数値で示してくれる、ということだと私は理解しましたけど。さっきの例だと、0.9923という高い相関がある、とわかったわけですよね。

2つの相関度を示すのが「回帰分析」

実際の計算は、Excel の力を借りて進めよう!

コラム

平均への回帰って？

回帰直線とか回帰分析というとき、「**回帰**」という言葉が気になりますよね。これは、イギリスの遺伝学者で統計学者でもあった、フランシス・ゴールトン卿（1822〜1911）が1877年に提唱した考え方です。

当時はダーウィンの進化論が優勢を誇っていた時代で（ゴールトンはダーウィンの親戚）、「背の高い両親の子供は背が高くなる」とか、「天才の家系に生まれた子供は天才になる」といったことが信じられていました。一言でいえば「遺伝」ですが、ゴールトンはそ

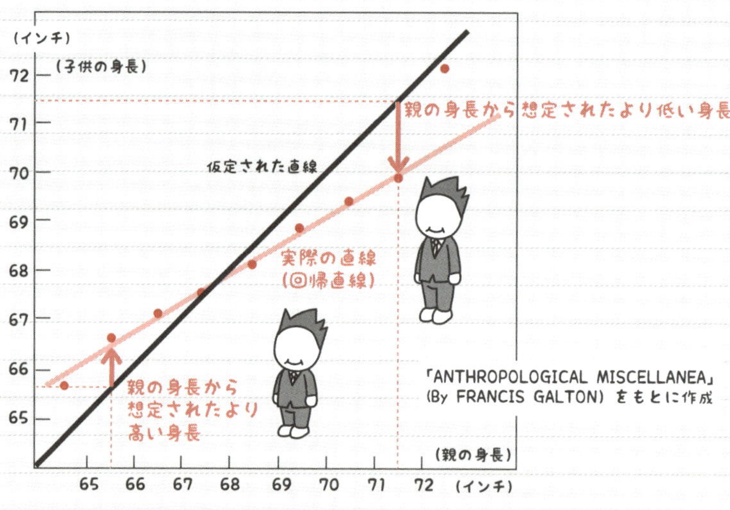

親の身長と子供の身長の相関を調べると？

こまで完全に親の形質が遺伝されないのではないかと考え、両親・子供の身長を調査したところ、前ページのようなグラフを得たのです。

このグラフを見ると、やはり、身長の高い両親（ヨコ軸）からは、身長の高い子供（タテ軸）が生まれているように見えます。

でも、もう一度、ヨコ軸・タテ軸を見てください。両親の平均身長は65〜73インチ（165.1cm〜185.4cm）なので、8インチ（20cm）ほどの差があったのに対し、その子供たちは6インチ（15cm）程度にまで縮小しています。

「**初めにあった差が縮小している**」、つまり身長は子供に2/3しか遺伝されず、残りは「**平均へ回帰する**」とゴールトンは考えたのです。回帰という言葉は、そこから生まれてきた言葉なのです。

平均への回帰の例として、テストでの点数などもあげられます。1回目のテストで特別に高い得点を取った人は、2回目のテストでは全体の平均点に近くなるというのです。これは、1回目に特別優秀な得点を取った人の中には「運の良さ」も手伝った人も含まれていて、それらの人は次回、得点が下がりやすい。その結果、**1回目の高得点者の平均点は、2回目には一般の平均点に近く**なるのだ、と説明されます。

「2年目のジンクス」も似ています。新人選手が1年目に大活躍した翌年、成績が落ちることを指します。原因として、相手チームが研究してくることもありますが、そもそもこれ以上には上がりようのない成績を1年目に納めれば、2年目は下がるしかない。これが「平均への回帰」の背景だと理解すればいいでしょう。

結果をもたらす要因は1つとは限らないぞ!

シンプルな単回帰、現実的な重回帰

：回帰分析、マスターしたぞ！　意味としては「散布図の傾向に1本の線を引くこと」と直感的に理解できたし、式を導く方法もExcelで扱えることがわかったし！　もう、回帰分析は使いこなせるって感じかな～。

：えぇ？　なになに？　回帰分析をマスターしたって？　アンタ、まだ単回帰でしょ？

：「タンカイキ」って、何ですか？

：回帰分析のいちばんシンプルなもののことよ。さっき、宣伝費をヨコ軸に、売上をタテ軸に置いたでしょ？　あれは要因として「宣伝費」1つしか考えなかったから。だから、宣伝費をx、そのときの売上をyとすると「$y = ax + b$」というわけで、これを「**単回帰分析**」というわけよ。

：なるほど、要因が1つしかないと仮定したから「単回帰分析」ですか。

：だけど、売上に影響を与える要因とか原因って、現実的にはいろいろあるでしょ？　宣伝費だけでなく、営業マンの数、商品力、その日の温度・湿度も影響するし、周りに競合店があるかどうか……。

考え始めたら、売上という結果（y）に影響を与える要因（x）っていっぱいあるはず。複数の要因を考える回帰分析のことを、「**重回帰分析**」というのよ。宣伝費だけで売上が決まる、なんて考えるのは大間違い。

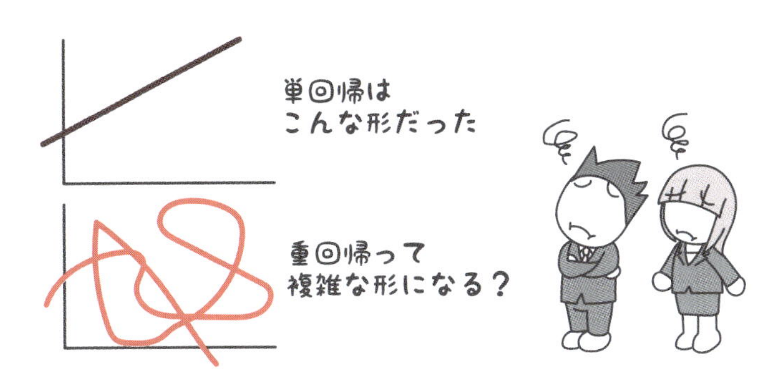

単回帰と重回帰の違いは何？

3つ以上の要因になってもグラフで描ける？

：あの～、要因を増やして考えたほうが現実的だ、ということはわかりました。ただ、そうすると単回帰分析の場合は「$y = ax$」か「$y = ax + b$」で書けて、グラフもx、yの２次元の座標で描けましたよね。つまり、

要因が１つ……x軸、y軸の２次元グラフ

ということです。重回帰分析って、要因が増えますけど、グラフはどうなるんですか。

：そこね。要因を１つではなく、宣伝費（x）、営業マンの数（y）の2つにしてみようか。結果としての売上（z）は、「$z = ax + by + c$」という形になる。数式が長くなるけど、ちょ

っとガマンしてね。そうすると、

要因が2つ……x軸、y軸、z軸の3次元グラフ

になってしまう。こんな具合ね。

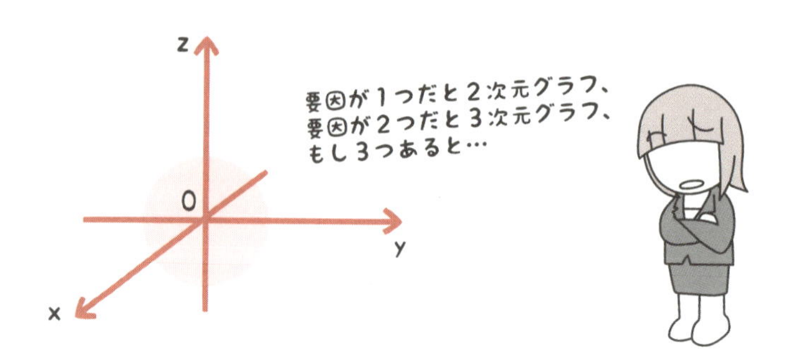

要因が2つあると3次元グラフで表示

：そうか、要因が2つ（x, y）で、その結果が1つ（z）あるから、3次元のグラフになるんですね！

：その先が知りたいんです。要因がもっと増えて、3つ以上になるとどうなるんですか？　温度とか、競合店のあるなしとか……。

：そこよ。要因が3つ以上になったとき、たとえば要因が宣伝費（x）、営業マンの数（y）、温度（z）として、結果としての売上（p）を考えると……。

：はい、3つの要因があると、結果も含めて4つの軸が必要になりそうで……。

：そうね。ひとことでいうと、「**4次元以上のグラフは、描くことができない**」ということ。要因が3つ（x, y, z）だと、結果（p）も含めて、その関係は4次元座標に描くことになるから、もう私たちにはグラフをつくることも、見るこ

ともできないわけよ。たった3つの要因を考えただけで。

：やっぱりそうなんですね。人間のイメージできるものって、けっこう限界があるんですね。

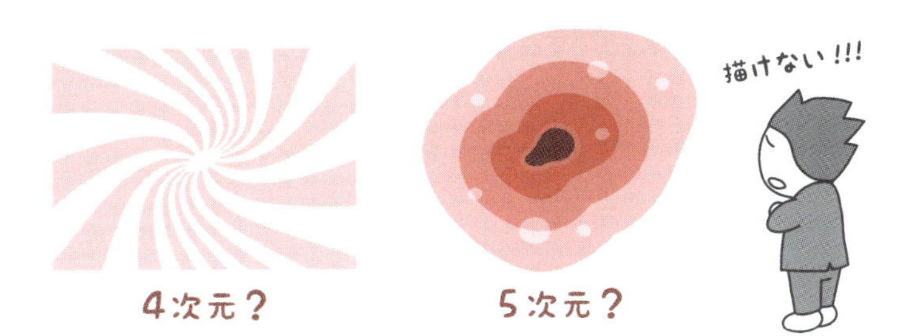

4次元座標、5次元座標って？　描けない！！！

3次元（時間軸も含めれば4次元）の世界に住んでいる私たちにとっては、4次元以上の図やグラフは、見ることも描くこともできません。要因がたった3つになるだけで……。

でも、式で書くなら100個の要因でも、1万個の要因でも、

$$a_1x_1 + a_2x_2 + \cdots\cdots + a_{100}x_{100}$$

と書けるし、コンピュータで計算することもできます。昔だったら人間が計算しないといけなかったけれど、そこはコンピュータに任せればいいのです。

まとめ

いくつかの要因と結果の関係を示すのが重回帰分析

ただし、３つ以上の要因があるとグラフ化できない

4話 Amazonが計算ミスをした？

単純平均だと「4」なのに、なぜ「3.8」と……？

重回帰分析を考えていくサンプルとして、Amazonの商品評価(レビュー)を見てみましょう。次の図は、ある商品についての評価です。

平均が合わないぞ！

5段階評価で、ここでは5人が評価をし、星（★）を5つつけた人が3人、星4つが1人、星1つが1人です。単純平均をすると、次のようになります。

{(5点×3人）＋（4点×1人）＋（1点×1人)}÷5人

　＝4　……　❶

ところが、Amazonでの評価は「3.8」と書かれています。

Amazonのコンピュータが単純な計算ミスをしたのでしょうか？

それはさすがに考えにくいこと。そこで、Amazonの評価方法を見ると、次のような説明があります。

> Amazonでは、生データの平均ではなく機械学習モデルを使用して商品の星評価を計算します。機械学習モデルでは、レビューの年齢、お客様による有用な投票、レビューが検証された購入からかどうかなどの要因を考慮します。

ということは、

①レビュアー（評価者）の得点を、❶のように単純平均しない

②その商品を本当に購入した人かどうか

③他のお客が「有用」と判断するコメントかどうか

などを考慮した上で評点を考える、ということです。

ここで、①の**「単純平均ではない」というのは、言葉を代えると「重み付け」をしている**ということでしょう。たとえば、その商品を実際には購入せずに、会社の関係者が「星5つ」をつける可能性があります。逆に、ライバルが「星1つ」をつけて評価を落とそうとするたくらみもあるかもしれません。その意味で「実際に購入したかどうか」は評価の信頼性に大きく関わります。

筆者であれば、購入した人のコメントのほうを確実に重視します。

「重み」は同じではない？

また、実際に使ってみた人の評価であれば、購入予定者に有意義なコメントと判断され、それは「③役立った」という数にも影響するでしょう。そうすると、

①レビューの単純平均点（x_1）

②Amazonでの購入かどうか（x_2）

③レビューが「役立った」とする人数（x_3）

などを加味して評点が決まると仮定すれば、次のような式が成り立つと考えられます。a, b, c は重み（回帰係数）、dは切片で、これらから最終的な「評点」が決まる、と考えるわけです。

$$y = ax_1 + bx_2 + cx_3 + d \quad \cdots\cdots \quad ❷$$

（ここでは簡単な1次式と仮定しました）

体重を身長、腹囲、胸囲で試算してみると

：❷の式は、結局、①～③の３つの要因について、重みをつけようということですね？

：うん、そういうこと。少し別の事例で重回帰分析の計算練習をしてみようか。何がいいかな？

：体重計算でお願いします。同じスリム体型でも、160cmの人と190cmの人では、190㎝の人のほうが体重が重くなりますよね。といっても、みんなの体型は同じじゃない。つまり、同じ身長でも腹周りの大きい人のほうが体重も重いだろうから、要因を2つか3つあげて、そこから体重を求める式を立てられそうじゃないですか。

：うん、いい考えね。といっても、都合の良い実データがすぐには見つからないから、それらしきデータをつくって計算してみるね。こんな10人でどうかな？

：「$y = ax_1 + bx_2 + cx_3 + d$」で、$a$は身長、$b$は腹囲、$c$は胸囲の係数ですね。次に、近藤さんのデータ、つまり$x_1 =$ 176、$x_2 =$ 88、$x_3 =$ 96を入れたら、$y =$ 72（体重）になる。これを土方さん、沖田さん……と入力していけばいいですね。

	A	B	C	D	E
1		身長	腹囲	胸囲	体重
2	近藤勇一	176	88	96	72
3	土方歳二	173	86	88	66
4	沖田総治	180	83	90	65
5	原田右之助	178	86	90	70
6	内藤　一	182	85	90	68
7	鳥田　魁	186	102	102	90
8	吉岡貫一	176	86	92	71
9	藤堂　平	168	83	84	66
10	武田観柳	165	90	92	70
11	井上源三	163	94	94	72

体重と3つのデータ

：土方歳二、沖田総治？　どこかで聞いたような名前ですね。理沙センパイはリケジョで、歴女ですか？

：よけいなことを聞かないの。結論からいうと、Excelにこのデータをもとに回帰分析をしてもらうと、次の結果を得たのよ。Excelの回帰分析の手順などは説明しないから、自分で勉強してね！

	係数	標準誤差	t
切片 d	-75.9155	18.5384	-4.0950
身長 a	0.2899	0.1132	2.5616
腹囲 b	1.0729	0.2690	3.9886
胸囲 c	0.0168	0.3469	0.0483

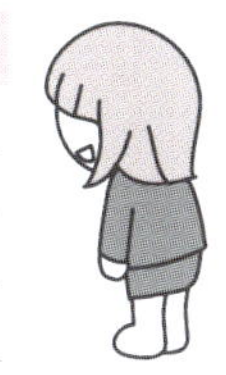

「$y = ax_1 + bx_2 + cx_3 + d$」の各値を算出

：細かな数値ですね。端数をちょっと丸めると、

$$y = 0.29x_1 + 1.1x_2 + 0.017x_3 - 76 \quad \cdots\cdots$$ 

ということですか。この式でいちばん係数の大きなものは

「1.1」の腹囲だから、腹囲がいちばん、体重への影響度が大きいと考えていいですよね？

：まぁ、このケースに限って言えば、3つの要因（身長、腹囲、胸囲）の単位がすべて「cm」で同じだったからそれでもいいけど、要因の単位が「金額、人数、競合店数」のように異なる場合は、要因の影響度は別の数値（t値）で見る必要があるけどね。

私たちも、ふだん、知らずしらずに「重み付け」を使いながら仕事をこなし、生活をしているように思います。

たとえば、実績十分で、データをもとに理路整然と意見を述べるMさん。逆に、いつも思いつきで話すYくん。部長さんが、MさんYくんに意見を求め、その見解が違えば、自然とMさんの意見を採用するのも、自然な「重み付け」の1つかもしれません。

：あの～、その「Mさん」って桃子ちゃんのことで、「Yくん」ってボクのことではないですよね？

：たまたまよ。（意外にカンの鋭いやつだ！）

重回帰分析では「複数要因」だけでなく、

「重み付け」も考慮される

日常でも、重み付けは自然に行なわれている！

第7章 ホントの視聴率はどのくらい？

～点推定と区間推定の利用法～

最後に、サンプルから全体（母集団）の平均値などを推測するときの方法を考えてみることにしましょう。その事例として視聴率を取り上げてみます。
1％、いや0.1％の違いだけで、「勝った、負けた」と熾烈な競争が繰り広げられるテレビ視聴率ですが、はたして……。

1点で推定か、範囲で推定か？

第4章では、「イチを聞いて百を推定する」という話をしました。わずかなサンプルから全体を推定するのは、大統領選挙の予想を見ても、かなりむずかしい話です。

そして、うまく推定するには「サンプルが全体の縮小した形」になっていることが必要でした。偏ったサンプルを使っていると、200万人という大量データを集めても、きちんと階層ごとに抽出した3000人のデータにさえ負けてしまうからです。

では、次の段階として「全体をどう推定するか」が問題です。ここでは「全体の平均値」をサンプルから推定するには、2つの方法があることを見ておきます。

1つは「点推定」、もう1つは「区間推定」という方法です。

シンプルな「点推定」って？

：最近は睡眠不足だなぁ。「睡眠負債」という言葉もあるくらいだけど、睡眠時間の平均って、どのくらいだろう？

：さぁ？　どこかで調査していると思いますけど、すぐにデータが欲しい場合はどうしたらいいんでしょうか？

：急ぎだったら、私たち3人の睡眠時間の平均を「国民全体の平均」として仮置きするしかないかな。私は6時間、桃子ちゃんは7時間？　ヤマトくんは……8時間30分か。じ

ゃぁ、3人の平均は7時間10分だから、日本人平均睡眠時間も「ズバリ、7時間10分！」って、どう？　この推定法は？

：……あのぉ～、たった3人の平均ですけど。

：さすがに3人では少なすぎるけど、こんな感じで「7時間10分」のように、たった1点に絞り込んで推し量る方法を「**点推定**」と呼んでいるのよ。

点推定は一発勝負？

：でも、ボクは「1点狙い」って好きです。「6時間29分45秒」のように、スパッと秒単位までいい切ってもらったほうが、スッキリするから。

：1秒単位、1円単位、1ミリ単位までいい切ると、「ピタリ、その値なんだ！」と思い込んで、誤差とか狂いがないように感じてしまう人も出てくるでしょ？
総務省の「家計調査」では、各世帯でのさまざまな消費動向が発表されるけど、特定の商品の消費量をめぐって「日本一の座」を毎年競い合う都市もあるのを知ってるでしょ。サンプル調査だし、1円や10円単位の違いだと「誤差の範囲」だと思うんだけど、みんな必死になるのよね。

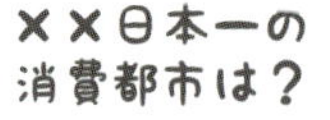

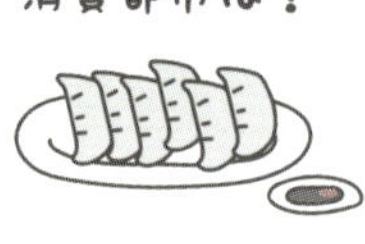

WIN
○○市
4,056円

点推定にも誤差があるけれど……

点推定のデメリットは「誤差」を示さないことです。調査機関ごとにきちんと調査をしていたとしても、それはあくまでもサンプル調査である以上、誤差が生じます。また、調査機関が異なれば、その数値も異なります。

少し古いデータですが、2009年にOECDで調査した報告によれば、日本人の平均睡眠時間は7時間50分。ところが、2010年のNHK放送文化研究所の「国民生活時間調査報告書」によれば、7時間14分。調査機関が違う、調査年も違うといっても、1年で平均睡眠時間に36分もの違いがあります。1分、1秒の違いではありません。

これだけ違うデータが出ているのに、「昨年よりも3秒、睡眠時間が長くなった。これは県政の健康増進政策の成果だ」と主張されても、その政策の成果といえるのかどうかは判断できないでしょう。

一定の範囲で推定する「区間推定」

：なるほど、そういうことですか。そうすると、「点推定」をそのまま鵜呑みにするのは、マズイということですね。ボクはシンプルで好きだけどなぁ。

：こんなのはどうですか？　点推定のように1点に絞らず、「6時間30分〜7時間30分の1時間の範囲内にホントの平均睡眠時間が入っている確率は50％」のようにやってみるというのは。サンプルだから誤差が出る、ということを前提にするんです。少し「幅」をもたせる方法です。

：幅をもたせる方法か。いい考えだなぁ。でも、50％とかじゃ信用できないよ。

：それだったら、調査人数を多くして、「6時間50分〜7時間10分」の20分以内に入っている確率は「90％！」とか「95％！」のように、確率も上げていくという対応はどうですか？

：とてもいいアイデアね。そういう「●●〜◎◎に入っている」という範囲指定と、もう1つ、「××％」という確率で答えるのが、「**区間推定**」という方法なのよ。

幅をもって推定するのが「区間推定」

前に、統計学には「記述統計学」と「推測統計学」があると述べました。推測統計学はサンプリング調査を前提にしているため、サンプルの平均値はあくまでも「サンプル平均」にすぎず、おおもと（母集団）の平均値とは一致しません。理沙さんが3人の睡眠時間の平均値を「日本人全体の睡眠時間」と仮置きしたようなものです。

ただ、そのサンプルでの平均値、サンプルでの標準偏差などを利用して、おおもと（母集団）の平均値や標準偏差を推測するのが「推測統計学」です。このとき、点推定、区間推定の2種類がある、というわけです。

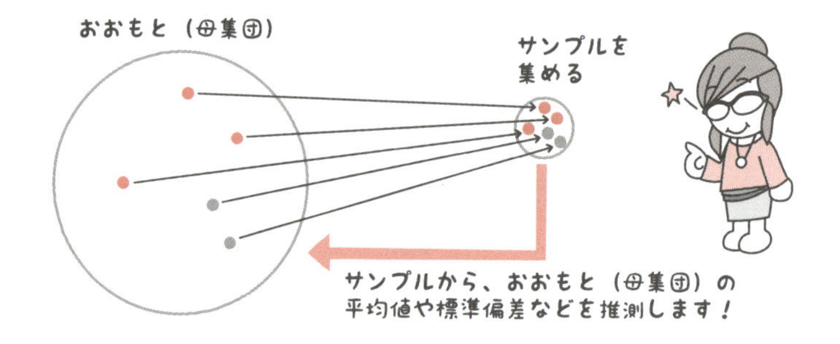

サンプルデータから母集団の情報を推測するのが推測統計学

まとめ

サンプルからおおもと（母集団）を推測する方法には、

点推定と区間推定の２つがある

2話 視聴率で考えてみる！

視聴率の式の意味は？

次にテレビ視聴率（サンプリング）からおおもとの視聴率（本当の視聴率）を推測してみましょう。

テレビの視聴率を求める式は、かなり複雑です。桃子さんが調べたところによると、次の式で求められることがわかりました。

$$p-1.96\times\sqrt{\frac{p(1-p)}{n}} \leqq \text{視聴率} \leqq p+1.96\times\sqrt{\frac{p(1-p)}{n}} \quad \cdots\cdots ①$$

公表された視聴率の誤差を表わす式

この式の中のpが、視聴率調査による視聴率（サンプルによる視聴率）、nは世帯数（データ数）です。

首都圏には1800万世帯あり、そのうちの900世帯に視聴率の機械が設置されているため、ここでは「$n=900$」で計算します。これで調査機関の視聴率（サンプル世帯の視聴率＝p）が発表されれば、視聴率の推定は計算可能ですね。

前ページ図の分数式の真ん中に「視聴率」と書いてあるのは、私たちが知りたい「ホントの視聴率」です。実際には900世帯のサンプルしかありませんので、ここで「視聴率10％！」と出ても、誤差がプラス側、マイナス側にそれぞれあるはずです。その誤差の範囲は、

$$p - 1.96 \times \sqrt{\frac{p(1-p)}{n}} \quad と \quad p + 1.96 \times \sqrt{\frac{p(1-p)}{n}}$$

の間、ということです。

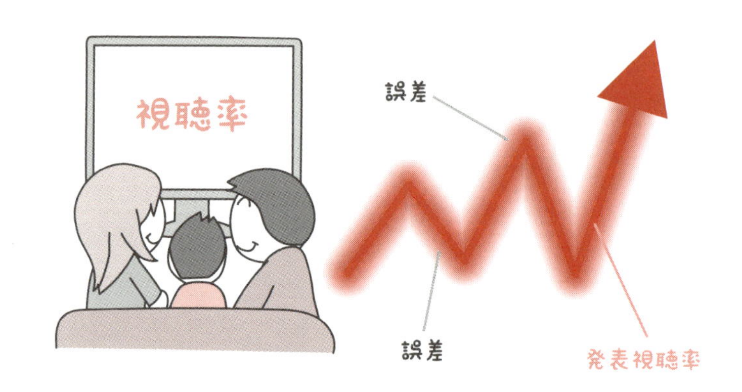

視聴率にもプラス・マイナスの誤差が出る

：むずかしそうな式だなぁ。ところで「範囲」は書かれているけど、「◎％の確率で」というのはどうなったの？

：式の中に「1.96」という数字が書いてありますよね。どうやらこれが関係するらしいんです。1.96がどこから出てきた数字なのか、それで何％になるのか、そこまではわかりませんでした。

：桃子ちゃん、忘れちゃった？　正規分布の場合、
「平均値から±１倍の標準偏差の範囲内」に約68.3％
「平均値から±２倍の標準偏差の範囲内」に約95.5％
「平均値から±３倍の標準偏差の範囲内」に約99.7％
……のデータが入る、ってこと。

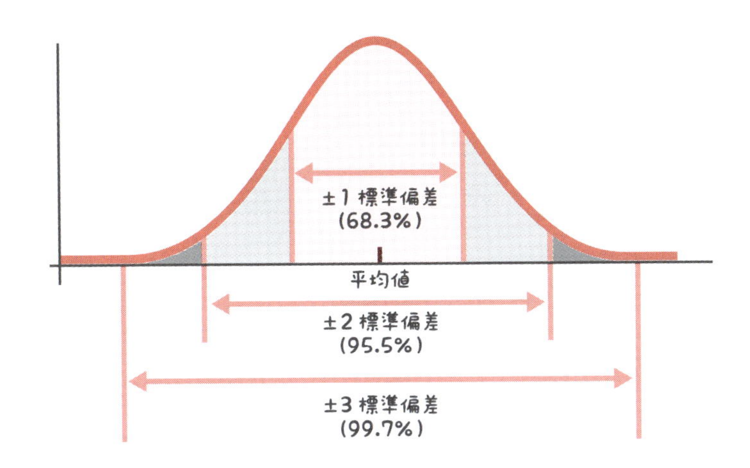

標準偏差の１倍、２倍、３倍の中に入る確率

：覚えています！　でも、そこには「1.96」という数字が出てこないんですけど……。

確率を95％、99％に変更

桃子さんが「1.96という数字がない」というのも、もっともな話です。たしかに、これまでは上の図に示すように、標準偏差と確率との関係を、

±2倍の標準偏差	→	確率95.5%
±3倍の標準偏差	→	確率99.7%

としてきました。これをそのまま使っても悪くはないのですが、「確率が約95.5%」というのは、どうも人間にとっては中途半端です。

それくらいなら、「確率95%」とか「確率99%」というほうが、人間にはわかりやすいはず。

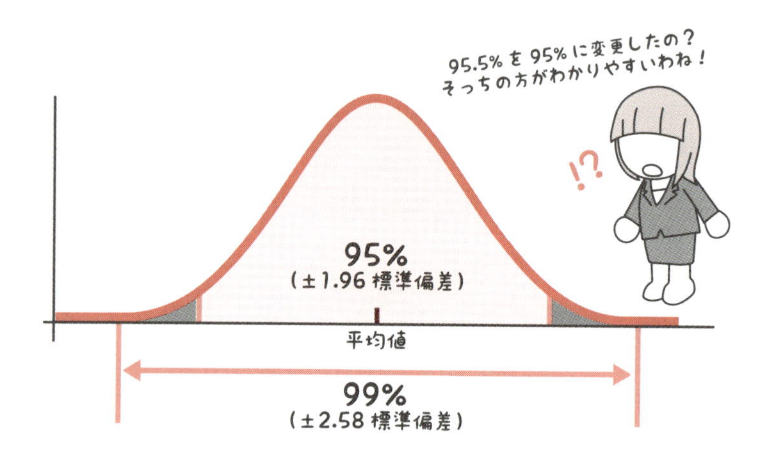

確率を95%、99%に修正してみた

そこで、95%や99%という確率を優先し、それに合う標準偏差を計算し直すと、次のようになるわけです。

確率95%	→	1.96±標準偏差
確率99%	→	2.58±標準偏差

こうすると、「確率95%で」とか「確率99%で」と説明しやすく

なります。その代わり、標準偏差のほうは2倍、3倍と整数で表わせていたのが、1.96倍、2.58倍のように中途半端な数になってしまいました。冒頭の式の1.96は、その意味なのです。

：というわけで、1.96とか2.58というのはゆれ幅の大きさのことなの。そのときの確率は、式の中に1.96を使えば95％のことだし、2.58を使えば99％のことよ。

：ということは、197ページの図の中にある①の式には「1.96」が入っているから、何もいわなくても自動的に「95％」の確率の場合の話をしているんですね。

：じゃぁ、1.96の部分を2.58に書き換えると、それは「99％」の範囲を計算できる、ということですか？

：そう、その通り。式の意味がだいたいわかってきたところで、そろそろ視聴率の話に行くわよ。いま、視聴率が18％の番組A、そして21％の番組Bで比較して考えてみようか。単純に式の中に、0.18と0.21を入れて計算すればいいから、これはExcelくんに任せるとして、答えはどうなると思う？

：どうなるって？　18％と21％なら、それぞれの誤差範囲を計算できるだけじゃないんですか？

3%ぐらいなら、大逆転の可能性も？

ということで、ヤマトくんが計算をExcelにやってもらうことにしました。入力は、

番組A　……　$p = 0.18$、$n = 900$

番組B　……　$p = 0.21$、$n = 900$

とすればいいだけです。

	A	B	C	D	E	F
1		◆視聴率の計算				
2		番組名	調査視聴率	区間推定(900世帯)		
3		A	18%	0.155	～	0.205
4		B	21%	0.183	～	0.237

Excelで視聴率の誤差範囲を計算する

答えが出ました。それぞれの視聴率は、番組Aが18%、番組Bが21%と発表されたようですが、その95%の幅を見ると、

15.5% ≦ 番組Aの視聴率 ≦ 20.5%

18.3% ≦ 番組Bの視聴率 ≦ 23.7%

となります。

これを下の図で見ると、両者でカブっている範囲があるので、番組Aのほうが番組Bよりも、本当の視聴率（1800万世帯）は上回っている（逆転する）可能性がある、ということです。

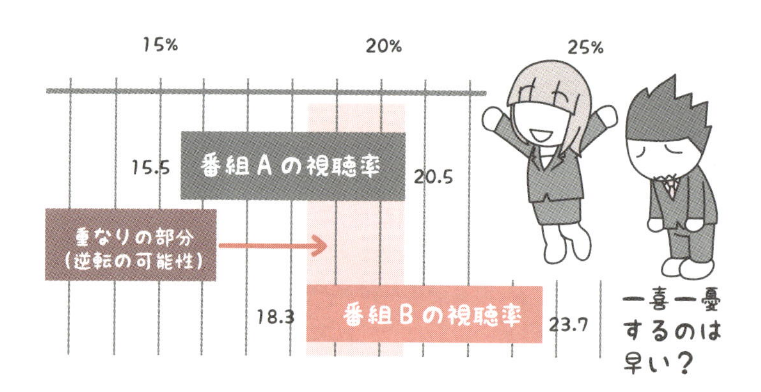

番組A、Bはカブっている範囲がある

誤差率が発表されないときは？

：ふつうは「視聴率は△％」のように発表されるけれど、誤差率まで考えないと、数字を見る場合は危ない、ということですよね。でも、発表されるのは視聴率だけで、誤差も含めた範囲なんて発表されないじゃん。え～、理沙さん、せっかく計算しても結局は役立たなかったみたいですよ。

：大丈夫。さっきの視聴率の例だと、

番組A……視聴率18％のとき　誤差±2.5％

番組B……視聴率21％のとき　誤差±2.7％

となっていたでしょ？
視聴率によって幅が少し違うけれど、2～3％くらいよ。確認のため、視聴率が5％～20％のときの誤差をさっきの方法で計算して、それをExcelでグラフにしたのが、次のグラフ。ヨコ軸が視聴率（発表）、タテ軸が誤差も含めた視聴率の幅よ。これを見て、どう思う？

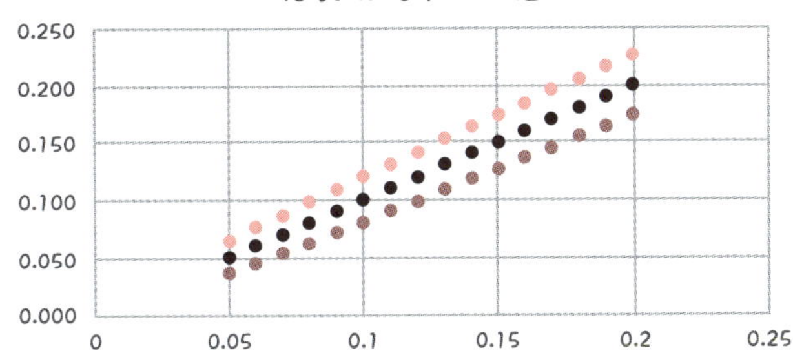

誤差は2％程度と推測できる

：視聴率が低いときは「誤差も小さい」けれど、視聴率が高くなると「誤差も大きい」って感じがしますね。ただ、大きくは変わりませんね。視聴率が10％のときを標準にすると、±2％の誤差ぐらいです。

：そっか。「視聴率10％」と発表されたら、だいたい8％〜12％くらい。それ以外の視聴率の場合も、いま桃子ちゃんがいったみたいに、ざっくり±2％ぐらいで幅を見ておけばいいんですね！

新聞やテレビで見かける調査では、「内閣支持率40％を切る」のように書かれることがあります。40％という大台を切ったといいたいわけです。あるいは、「支持38％、支持しない40％で大逆転」といった文字が踊ることもありますが、これらを見るときには「誤差率」を考慮する必要があります。

誤差率は調査数によりますが、視聴率（900世帯）と同じくらいのサンプル数であれば、±2％くらいと考え、5％ほどの差がなければ「同じくらいの可能性もある」と見てよいでしょう。

視聴率をはじめとした調査では、

2％くらいの誤差はある、と考えて判断する

おわりに（統計学を勉強すれば、ベストセラーが出せる？）

最後に、出版界の〝困った事情〟を少しお話しておきます。なぜかって？　それはあなたの会社にも共通する部分があると思うからです。

最近はどこの出版社でも、企画会議と言えば、紀伊國屋書店の「パブライン」を抜きには語れなくなっています。「最近」といっても、15年くらい前から、というほうが正確でしょうか。

パブラインというのは、紀伊國屋書店（約70店）の売れ行き結果がわかるデータベースです。各出版社の1点1点の書籍の売れ行きを、「毎日、毎週、毎月」に分けて集計してくれます。一言でいえば、ライバル会社の商品の売れ行きを数字で教えてくれるものです。

：え？　Amazonでも順位までしか出ないけれど。

：現在だけでなく、過去にもさかのぼっても見られるとすると、そのデータなしで企画会議なんて開けませんね。

そうなんです。二人の言うとおりで、最近では企画書を出しても、「この企画にはエビデンス（売れ行きの根拠）があるのか？」とまっさきに聞かれます。

このため、企画一本を書き上げるにも、データ集めだけで膨大な時間を割くようになりました。面白いもので、データが多くなってくると人間は決断が鈍ってくるのか、「もう少し調べてみて」と決裁が先延ばしにされていく。そんな状況を多数の出版社で見てきました。

これって、出版界だけに限った話でしょうか。あなたの業界でも似たようなことが起きているのではありませんか？

「パブラインのデータを分析する」——というと、正しいデータ分析（行動）をしているように見えます。でも、結果が大事です。その後、「売れる企画が生まれた！」というのであればOKです。しかし、実際には「否」です。そんなことで売れるテーマ（新しいテーマ、切り口をもった本）がひょいひょい見つかるなら、編集者なんて苦労しません。

では、どうして売れないのか？　それは「過去のデータ」に引きずられすぎているからです。いったん、何らかのベストセラー本が出ると、多数の出版社が「我も、我も」と似たテーマに乗り出してきます。「売れた」という実績（エビデンス）があるので、どこでも企画が通ります。

その結果、6か月～1年後には、似たような本が多数、書店の店頭に出回ることになりますが、遅いかな、本来買うべき人はすでに買い終えている。類似本で埋め尽くされる。軒並み、討ち死にです。

少なくとも「新しいテーマを発掘しよう」という試みに関していえば、「過去データ」の分析だけではむずかしいようです。

では、**どんなケースで統計学的なデータ分析は有効なのか**。たとえば、コンビニのPOSデータを考えてみましょう。「50歳台、男性客、商品Xを3個、計828円」とPOSは教えてくれますが、そのデータは「実際に購入してくれた顧客の属性、売れた商品データ」です（属性＝年齢はかなりの憶測が入る）。

それが最近ではかなり精緻になりました。買ってくれた人だけでなく、買わずに帰った顧客の属性（性別、年齢の推定）、店内行動（導線）から「なぜ買わなかったのか」を、ある程度、類推できるようになってきているのです。それを利用すると、商品の配置、店員さんの対応などへのフィードバックができ、売上拡大に役立てることができます。これであれば、過去データを分析し、次の機会にうまく活かせます。

昔のように「経験とカン」にのみ頼るのではなく、変化の激しい時代にはデータをもとにシゴトを改善していく目が必要で、統計学の素養が求められます。ただ、データの使い方とか分析、統計学の使い方は、どういう分野にどの知識をどう使えるかは、少し考えておく必要があります。

：なるほど、これからのビジネスパーソンにとっては、「統計学の知識や素養を身につける」ことは必須だけど、それだけですべて解決できるわけではない、それを超えた「カン」みたいなものも研ぎ澄ます必要がある、ということか。それはともかく、ボクも桃子ちゃんも今回、統計学を無事卒業だね。桃子ちゃんもご苦労さま。

：ヤマトさん……、理沙さんが後ろで聞いてますよ（汗）。

：ホント、ヤマトくんは懲りないね。私は「今回は統計学の初歩の初歩」って、言ってきたでしょ。統計学の勉強は実学なの。やることって、いっぱいあるのよ。「社内で上がってくるデータって、ホントに正しいのかどうか」から、まず目を光らせていかないと。

理沙さんのきびしい指導はまだまだ続きそうです。

索引

数字・アルファベット・記号

あ行

か行

さ行

た・な行

は行

■ま～ら行

◎著者紹介

本丸 諒（ほんまる・りょう）

横浜市立大学卒業後、出版社に勤務し、サイエンス分野を中心に多数のベストセラー書を企画・編集。特に、統計学関連のジャンルを得意とし、統計学の入門書はもちろん、多変量解析、統計解析といった全体的なテーマ、さらにはExcelでの統計、回帰分析、ベイズ統計学、統計学用語事典など、30冊を超える統計学書を手がけてきた。また、データ専門誌（月刊）の編集長としても、部数増など敏腕を振るう。
独立後、編集工房シラクサを設立。サイエンス書を中心としたフリー編集者としての編集力、また「理系テーマを文系向けに<超翻訳>する」サイエンスライターとしてのライティング技術には定評がある。日本数学協会会員。
主な著書として（共著を含む）、『文系でも仕事に使える 統計学はじめの一歩』（かんき出版）、『意味がわかる微分・積分』（ベレ出版）、『身近な数学の記号たち』（オーム社）、『マンガでわかる幾何』（SBクリエイティブ）、『すごい！磁石』（日本実業出版社）などがある。

カバーデザイン　坂本 真一郎（クオルデザイン）
本文デザイン・DTP　有限会社 中央制作社

■注意

(1) 本書は著者が独自に調査した結果を出版したものです。

(2) 本書の一部または全部について、個人で使用する他は、著作権上、著者およびソシム株式会社の承諾を得ずに無断で複写／複製することは禁じられております。

(3) 本書の内容の運用によって、いかなる障害が生じても、ソシム株式会社、著者のいずれも責任を負いかねますのであらかじめご了承ください。

(4) 商標
本書に記載されている会社名、商品名などは一般に各社の商標または登録商標です。

世界一カンタンで実戦的な
文系のための統計学の教科書

2019年　6月　10日　初版第1刷発行
2019年　7月　5日　初版第2刷発行

著者　本丸 諒
発行人　片柳 秀夫
編集人　三浦 聡
発行　ソシム株式会社
http://www.socym.co.jp/
〒101-0064　東京都千代田区神田猿楽町1-5-15 猿楽町SSビル3F
TEL：(03)5217-2400（代表）
FAX：(03)5217-2420

印刷・製本　シナノ印刷株式会社

定価はカバーに表示してあります。
落丁・乱丁本は弊社編集部までお送りください。送料弊社負担にてお取替えいたします。
ISBN 978-4-8026-1209-8